Les oasis du désert d'Atacama, Nord Chili

Gestion de l'eau et défi du temps

Collection *Ressources renouvelables*
dirigée par Bernard Lacombe

Le caractère fini de la plupart des richesses naturelles est une donnée de base du développement. D'agent dans une nature généreuse, l'homme devient l'acteur responsable de la survie de cette même nature. Un état des lieux, sans parti pris mais sans concession, est un des défis posés à la communauté scientifique que cette collection a pour ambition de relever. La pollution, le changement climatique, la pression de l'homme sur le milieu alimentent des craintes légitimes sur l'état de la planète et son simple futur. L'appropriation actuelle des ressources met en cause la durabilité des ressources et de leurs systèmes d'exploitation. L'action à engager tant sur leur exploitation, qui ne saurait rester minière, que sur la consommation des sociétés, dépend de la justesse des analyses qui seront faites aujourd'hui.
Cette collection veut offrir une vision documentée de l'état des ressources dites « renouvelables » - la fertilité de la terre, la production des océans, l'eau du ciel, la permanence de l'air... Prenant en compte tant les usages passés que leur exploitation actuelle et les contraintes des générations futures, nous voulons faire le point de l'évolution quantitative et qualitative des ressources renouvelables et comprendre le devenir et des sociétés qui en dépendent directement et de l'homme sur une terre dont il est l'usufruitier.

Le logo de la collection a été spécialement conçu par S'Calpa.

ISBN : 2-7475-3712-9

HUGO ALONSO, LAUTARO NUÑEZ
& PIERRE POURRUT
éditeurs scientifiques

Les oasis du désert d'Atacama, Nord Chili

Gestion de l'eau et défi du temps

Préface et rédaction de Bernard Lacombe

L'Harmattan
5-7, rue de l'École-Polytechnique
75005 Paris
FRANCE

L'Harmattan Hongrie
Hargita u. 3
1026 Budapest
HONGRIE

L'Harmattan Italia
Via Bava, 37
10214 Torino
ITALIE

Autres ouvrages de la collection

Ressources renouvelables

Frédéric Lasserre et Luc Descroix
Eaux et territoires. Tensions, coopérations et géopolitique

Luc Descroix et Frédéric Lasserre
L'eau dans tous ses États : les territoires de l'eau
Tensions, coopérations et géopolitique

José Manuel Juaréz et Bernard Lacombe
Écologie urbaine : Chalco (Mexico)

Bernard Lacombe et Saratta Traoré
La jachère, espace de culture, espace sans cultures

UNIVERSIDAD CATÓLICA DEL NORTE,
UCN, Antofagasta, Chile

INSTITUT FRANÇAIS DE RECHERCHE SCIENTIFIQUE POUR LE DÉVELOPPEMENT EN COOPÉRATION,
ORSTOM, Paris, France
Département des Eaux Continentales DEC,
Unité de Recherches 21

Acción de incitación de ORSTOM
DINÁMICA Y USO DE LOS RECURSOS RENOVABLES (DURR)

Pierre POURRUT y Lautaro NÚÑEZ,
editores científicos
Antofagasta, septiembre de 1995

Programa de investigación
El Desierto, el Hombre y el Agua

AGUA, OCUPACIÓN DEL ESPACIO Y ECONOMÍA CAMPESINA EN LA REGIÓN ATACAMEÑA

Aspectos dinámicos

ORSTOM

Les dessins pour cette édition ont été repris par S'Calpa à partir de documents fournis par les éditeurs scientifiques de l'ouvrage. Elle a conçu également la couverture et traité les photographies (crédits photographiques: B. Lacombe)

Eau qui dévale du Moyar et des marais du lac de Talaus
source de l'oasis de Tamas
coulez, coulez, coulez
Toi, Lausa, attire tonnerre et nuages
Toi, Chiliques, appelle pluie et bruine
Pluie, bruine. Averse, petite pluie,
inondez l'herbe et les doux abreuvoirs
gorgez l'herbe et les vertes prairies
Répandez-vous loin. Couples, unissez-vous
Toi, graine de pomme de terre, germe. Couples, unissez-vous
Et toi aussi, maïs. Couples, unissez-vous
Verse l'hydromel, Ô Seigneur
Rassasie-moi, rassasie-moi encore et encore
Que ta nourriture calme la faim
L'abondante nourriture

Prière chantée lors de la cérémonie du Talátur à Socaire

[reconstituée en kunza par Thomas Bardel, 1957,
traduction espagnole par Lautaro Núñez, 1991,
traduction libre en français par Pierre Pourrut, 1995]

Préface

En 1995, je suis allé à Antofagasta, invité par les éditeurs de cet ouvrage, dans la IIème Région du Chili, au Nord, pour une mission dans les oasis du désert de l'Atacama, oasis d'altitude de l'un des déserts les plus rigoureux du monde. L'objectif était de mettre au point un manuscrit en français qui rendrait compte de totalité des travaux de l'équipe du projet conjoint sur le désert de l'Atacama : *le désert, l'homme et l'eau* codirigé par MM. Hugo Alonso et Pierre Pourrut. Un ouvrage en espagnol sortait des presses à mon arrivée : *L'eau, occupation de l'espace et économie paysanne dans la région acatameña.* Cet ouvrage, dont nous présentons en page précédente la reproduction noir et blanc de la couverture, avait été rédigé sous la direction scientifique de Pierre Pourrut et Lautraro Núñez. Il comporte six chapitres :

L'éditorial traitait d'une nouvelle relation entre sociétés et milieu ; Pierre Pourrut traçait la problématique générale du désert, de l'homme et de l'eau, à l'échelle de la région et autour de l'eau ; Lautaro Núñez signait un chapitre sur l'évolution de l'occupation et de l'organisation de l'espace atacameño ; Francisco Rivera était le rédacteur du quatrième chapitre sur le contexte historique et social de la gestion des ressources agropastorales dans les oasis de San Pedro de Atacama ; Hans Gundermann et Héctor González traitaient de la terre, de l'eau et de la société acatameña comme un scénario évolutif ; enfin, Pierre Pourrut et Lautaro Núñez concluaient sur la ruralité et l'identité acatameña entre la crise et l'espérance.

Ce livre porte sur ce qu'au Chili on nomme le transect de Tulán, terme qui sert à dénommer les différentes figures réalisées pour cet ouvrage au Chili. Il concluait plusieurs années de recherches en collaboration entre l'Orstom, devenu depuis IRD, Institut de recherche pour le développement, Paris, et l'UCN, Université catholique du Nord, d'Antofagasta, Chili. Les deux coordinateurs du projet nommé *le désert, l'homme et l'eau*, étaient Hugo Alonso de la partie chilienne et Pierre Pourrut de la partie française. Cette collaboration étroite se faisait dans le cadre de « l'action incitative » : *Dynamique et usage des ressources renouvelables (DURR)*, et recevait l'appui efficace du département Eaux continentales de l'Orstom, dirigé par Michel Rieu, qui avait, à titre personnel, tant d'attaches affectives avec ce Nord Chili où il avait passé ses premières années de jeune chercheur.

Ma participation n'était pas conçue comme devant être une prestation de traduction (car dans ce cas, Pierre Pourrut, hispanisant hors pair, l'aurait réalisée), en effet, l'ouvrage en espagnol, dont la page de couverture illustre l'en-tête de cette introduction, était écrit pour un public de scientifiques et de Chiliens. Je devais reprendre l'ensemble de la documentation sur la région et écrire une synthèse de vulgarisation de bon niveau pour le public français. Le livre en français était donc totalement neuf par rapport au rapport de synthèse publié par les professionnels du projet : *L'eau, occupation de l'espace et économie paysanne dans la région acatameña*, Antofagasta, septembre 1995, NORprint - qui sont les presses de l'UCN.

Rendons à César ce qui est à César : la cheville ouvrière du projet était Pierre Pourrut, à la fois scientifique et organisateur, enthousiaste, travailleur de terrain et grand intellectuel scientifique, curieux de tout et attentif à tous les aspects du programme qu'il menait. Il y eut aussi Lautaro Núñez, qui est le seul des membres de l'équipe locale avec qui j'ai pu avoir un contact suivi durant ce bref séjour et qui m'a impressionné par sa largeur de vue, sa connaissance et son amour pour sa terre et ses gens, et sa qualité scientifique. Je dois dire aussi toute la sympathie qui irradiait de sa personne et la rend si attachante. C'est dire que ce projet était mené avec compétence et humanité. Ces deux hommes sont de grande qualité et ce fut un bonheur pour moi de collaborer avec eux et d'effectuer une longue tournée dans les oasis, guidé par eux. Je dois beaucoup à ces deux hommes à qui je garde, au delà de ces six années, tant de respect, d'affection et d'amitié. Ils m'ont ouvert leurs archives, j'ai lu et annoté tout ce que j'ai pu ; j'ai acheté ce qui était disponible, photocopié ce qui pouvait l'être. Et je suis reparti d'Antofagasta avec une cantine de documents...

Mon travail de rédacteur a ensuite commencé : j'ai lu et relu tout ce que j'avais, et d'autres que j'ai pu trouver en France, repris mes notes de terrain, et fait un premier plan que j'ai soumis aux éditeurs scientifiques de cet ouvrage. Ensuite, j'ai entrepris la rédaction de cette synthèse pour un public francophone des résultats scientifiques du projet *le désert, l'homme et l'eau*. Durant cette période, j'avais reçu un certain nombre de figures légendées en français et d'autres en espagnol qui quoique mises sur calques, étaient pixélisées et non pas redessinées comme je l'espérais. Ce qui explique la mauvaise qualité des figures reproduites dans cette publication.

Achevée le 9 septembre 1996, date de l'envoi du document à Pierre Pourrut, cette rédaction a commencé une seconde vie, une vie silencieuse. J'attendais qu'un retour et des réactions me viennent sur cette rédaction, ses imperfections et les quelques demandes d'explications que j'y faisais. Mais les coordinateurs du projet préparaient la réunion de conclusion du programme... Ensuite, des événements d'ordre privé chez les uns et les autres coupèrent les communications. Moi-même était occupé par la rédaction d'un long ouvrage et le temps passa.

Finalement, l'équipe s'est dispersée et je suis reparti sur d'autres projets. Ce n'est pas mauvaise volonté de qui que ce soit si les contacts ont été rompus. Par exemple, j'avais en projet la traduction d'un ouvrage grand public visant les Chiliens, de Lautaro Núñez (1974) et ce projet, qui intéressait aussi son auteur, n'a également pas pu voir le jour.

Il est malheureux qu'il ne soit pas exceptionnel qu'un projet ne produise pas un document de synthèse pour grand public, surtout si ce projet a porté sur un autre pays que celui qui l'édite. Il est au contraire courant que la dispersion des équipes, le départ des professionnels sur d'autres terrains et pour d'autres fonctions expliquent à eux seuls ces interruptions. Il faut comprendre qu'un chercheur, quand il a produit ce qui était de son ressort, n'éprouve pas le besoin d'une synthèse qui, finalement quoique curieusement, l'intéresse moins parce que la science, surtout les sciences naturelles et les sciences très spécialisées, sont des disciplines pointues et l'objectif d'un chercheur est toujours une recherche pointue, où l'on sait ce que l'on ne sait pas plutôt qu'une synthèse où l'on ne sait pas ce que l'on sait.

Cette difficulté, je l'ai éprouvée dans cette rédaction, car les documents provenant de spécialistes de disciplines différentes, de sciences sociales, de sciences de la terre, de chimistes... étaient souvent difficiles à accorder entre elles dans la mesure où je visais une unique rédaction et non pas la traduction de l'ouvrage en espagnol cité plus haut. Et la difficulté s'accroissait quand, prenant en compte toute la documentation disponible, je me trouvais confronté à des contradictions certes mineures dans un exposé mais dirimantes pour un ouvrage. J'avais déjà rencontré ce phénomène lors de la rédaction de l'ouvrage de synthèse du projet Chalco, au Mexique (Lacombe, Martinez & Juarez, 1992), mais la tâche y avait été plus facile car je participais au projet Chalco depuis sa conception. Cela n'était pas le cas pour le projet *Désert homme et eau...* Finalement, donc, je laissais cette rédaction derrière moi et partis sur d'autres terrains (Lacombe, 1999, a).

J'aurais laissé ce travail dans l'oubli sans les discussions précédant le sommet de Johannesburg et une demande du directeur des éditions de L'Harmattan, Denis Pryen, de lancer une collection sur ce concept des « ressources renouvelables » et la publication des deux ouvrages de MM. Descroix et Lasserre sur la géopolitique de l'eau. Je lui ai parlé de cet rédaction sur les oasis du désert d'Atacama qui restait, malgré les années, d'actualité. En effet, cet ouvrage me paraissait encore présenter de l'intérêt pour trois raisons :

1. peu de choses sont imprimées en français sur cette région du monde ;
2. le projet n'était pas sensible à l'époque de sa rédaction puisqu'il portait sur une période historique de plusieurs millénaires ;
3. la qualité des résultats scientifique de terrain le mettait à l'abri des aléas du temps.

C'est ainsi que les éditions de L'Harmattan ont décidé de publier cet ouvrage.

Dans son compte-rendu à la session de clôture du projet DURR, Pierre Pourrut (2000) cite la première version de ce texte en bibliographie : Pourrut, Lacombe et Núñez, *Les oasis du désert de l'Atacama. Conquête de l'espace et maîtrise de l'eau par des communautés indiennes, deux millénaires d'agro-pastoralisme.* N'ayant pas de prétention à capter la signature de ce texte réalisé sous contrôle, même si je l'ai rédigé seul et n'ai pas eu d'avis pour sa version finale, j'ai décidé de mettre les deux rédacteurs principaux comme auteurs ainsi que les deux chefs de projets : Pourrut & Núñez, Pourrut & Alonso, comme éditeurs scientifiques, ce qui fait trois signatures puisque Pierre Pourrut a été à la fois cheville ouvrière administrative et cheville ouvrière scientifique du programme *désert, homme et eau* en Atacama. Je sais ne pas manquer à la confiance qu'ils avaient tous trois placée en moi de procéder de cette manière, malgré les imperfections de mon travail de lecture et d'assimilation des documents, de natures et de disciplines scientifiques si différentes, et de rédaction.

Je renouvelle ici à tous les membres de l'équipe *le désert, l'homme et l'eau* de l'UCN-Orstom (IRD actuel), l'expression de mon amitié et de mon respect pour ces années de travail auquel je veux que cet ouvrage rende hommage. Et j'aurais une dernière pensée pour les personnes dont la rupture tragique du destin explique ces retards et difficultés de publication.

Il reste un point que je dois mentionner : depuis ce travail de synthèse, la communauté scientifique s'intéresse de plus en plus au transfert des savoirs et compétences vers la société civile et les décideurs. Jusqu'alors, on n'avait globalement comme idée que de rédiger des synthèses plus ou moins larges dans leurs objectifs et pointues dans leur problématique. Disons que l'on allait de travaux écrits visant à la reconnaissance du cercle étroit des spécialistes à l'information du grand public. Aujourd'hui, on élabore de nouveaux instruments regroupés sous le titre générique d'expertise collégiale, laquelle prend en compte que la recherche scientifique ne produit pas seulement des questionnements mais aussi des réponses spécifiques que l'on se doit de diffuser aux utilisateurs potentiels *. La situation qui émerge aujourd'hui est donc nouvelle par rapport à la synthèse de travaux. L'orientation actuelle prend en compte les questionnements de la société civile et des décideurs pour les transformer certes en questionnement scientifique normé selon les disciplines scientifiques impliquées, mais aussi en éventail de réponses adéquates à la demande explicite. Dans ce processus, l'expertise collégiale n'est pas une simple synthèse des travaux repérés sur un sujet, enrichis d'autres travaux *ad hoc*, mais un processus de transfert, avec les intéressés, des résultats de la recherche. Le présent ouvrage propose certes quelques orientations d'action, mais il ne peut se dire inscrit dans la mouvance de cette orientation de l'expertise collégiale.

Pour en revenir à ce projet qui fait l'objet de cet ouvrage, on verra que sourdent dans le texte de nombreuses considérations qui pourraient être reprises et prises en compte par les décideurs et la population civile... Cette question est importante et le débat sera repris dans un autre ouvrage de la collection Ressources renouvelables, qui synthétise un projet d'écologie urbaine à Mexico, qui avait lui vocation à l'application de ses conclusions. D'étape en étape, tirer les conclusions et solder les critiques est une tâche qui fait partie du travail scientifique.

Bernard Lacombe
anthropologue & Docteur ès lettres
Directeur de recherches IRD
Paris, octobre 2002

---

* Voir les travaux de l'IRD sur l'expertise collégiale, par Philippe Lazar, Président, et les textes du Département de la valorisation de l'IRD ex-orstom.

Figure 1
SITUATION DU TRANSECT TULAN

Selon L. Nuñez

Introduction

Dans un des déserts les plus absolus du monde existent quelques oasis d'altitude : le désert du Nord Chili est renommé à la fois pour être des plus extrêmes et pour avoir ces oasis où une culture florissante a existé. Les oasis actuelles conservent la trace d'une haute civilisation qui, cinquante ans avant l'arrivée des Espagnols, fut la pointe sud de l'empire inca. Le désert est dit désert d'Atacama et les oasis forment le pays atacameño [1]. Après plusieurs millénaires de développement autonome mais toujours en relation avec les autres civilisations andines, les oasis du pays atacameño ont été confrontées avec le commerce mondial et l'exploitation argentifère des Espagnols à Potosi, puis du salpêtre dans le désert aux XVIII-XIX [ème] siècles et aujourd'hui du cuivre. Dépendantes de l'eau et, désormais largement détournée au profit des villes et des mines, est-ce que les oasis se dégradent parce que l'eau

---

[1] Nous garderons la graphie et les pluriels espagnols pour la plupart des noms. Ainsi, renonçons-nous à la traduction 'atacamien' ou 'atacamène' pour 'atacameño' (atacameña au féminin, avec un 's' au pluriel), San Pedro restera San Pedro et non Saint Pierre etc. Rappelons que le 'u', se prononce 'ou', et que le pluriel des mots s'achevant avec une consonne prennent 'es'... Nous avons donc gardé les accents toniques quand ils sont marqués en espagnol quand le mot n'existe pas en français. Mais naturellement quand le mot est bien connu dans notre langue nous avons gardé la graphie française, ainsi écrivons nous 'lama' et non 'llama' mais 'algarrobo' pour le garoubier endémique de la zone. Ces noms sont d'ailleurs souvent d'origine kunza plus qu'espagnole. Les noms de lieux sont en écriture normale, les noms de chose et d'objet en espagnol ou en kunza sont en italique à leur première apparition dans le texte.

manquerait ou parce que le système agro-pastoral bi-millénaire serait à bout de souffle ? Ou bien encore : cette dégradation, tant du milieu que des populations qui vivaient en symbiose avec lui, serait-elle provoquée par un exode rural qui se serait aggravé ?

C'est à ces questions que ce livre tente de répondre. Il est fondé sur un projet collectif de recherches mené par l'équipe Orstom-UCN durant plusieurs années. Basé à l'Université, à Antofagasta, il a englobé une grande variété de professionnels et de disciplines scientifiques réunis autour du thème du *désert*, de l'*homme* et de l'*eau*.

Le désert d'Atacama

Le désert d'Atacama s'étend du 27° au 28° degré de latitude sud sur plus de 200 000 km². La présence inusuelle d'un désert à ces latitudes tient à un double facteur : la montée des pressions froides de l'Antarctique et la remontée du courant de Humboldt. Les eaux étant plus fraîches que les terres, les masses nuageuses n'atteignent pas les côtes, ou se maintiennent en leur bord sous forme de brouillard, et font de cette zone une des terres du monde les plus affectées par la luminosité.

Annuellement, la région ouest des Andes est touchée, d'une manière chaotique, par l'effet ENSO (El Niño Southern Oscillation), plus communément appelé El Niño, car il débute autour de la Nativité. Il contrebalance le double mouvement atmosphérique et marin et entraîne des pluies importantes sur le continent. Variable d'intensité, son oscillation peut avoir des effets catastrophiques sur la biomasse marine et sur les faune qui en dépend. Dans son épisode 1957-58, on estime qu'il a réduit la faune aviaire de 28 à 6 millions d'individus. L'ENSO n'a pas d'effet direct sur l'Atacama, mais ses balancements ont dû avoir une certaine importance sur le commerce à longue distance auquel procédaient les populations des oasis.

Les écarts de température sont très importants. Cela est dû à l'altitude, à la sécheresse et la luminosité et aux rayonnements qu'elle entraîne. Toute la climatologie du Nord Chili est marquée par l'extrême et l'aléatoire, avec toutes les conséquences qu'on peut attendre sur la végétation dont l'endémisme est remarquable, fruit de plusieurs millénaire d'évolution aux conditions extrêmes. Ce côté excessif dans la rigueur du climat entraîne également que l'importation de plantes étrangères, d'adaptabilité incertaine, s'est révélée historiquement difficile. La climatologie et l'altitude expliquent la difficulté d'importer et d'adapter des cultures venant d'autres zones écologiques.

De part et d'autre du Tropique du Capricorne se situe la région atacameña, entre les 21-27° de latitude sud et 66-77° de longitude ouest. C'est une frange du piémont andin qui va du Salar de San Pedro jusqu'au fleuve Loa. L'altitude des oasis du pays Atacameño se situe entre 2 200 et 3 700 mètres au dessus du niveau de la mer (entre les parallèles 21,30° sud et les méridiens 37,30-69° ouest) [Fig. 1 et 2].

Quand on va d'Antofagasta jusqu'aux oasis d'altitude, mis à part quelques recoins où paraissent survivre quelque arbre, arbuste ou plaque d'herbe, et annonçant en général un peuplement urbain, l'impression qui saisit le voyageur est celle de parcourir un univers minéral, totalement minéral. La végétation est quasi inexistante. Certains passages, comme la vallée de la Lune, sont étonnants de stérilité. Certes, la vallée de la Lune est une vallée de sel, mais cette impression est étonnante. Dans le désert d'Atacama, il semble que le temps soit immobile à cause de cette sensation d'éternité qu'ont les paysages faits de rocs, impropres à toute végétation, car les rocs sont faits de sel. D'autres espaces désertiques du monde ne donnent pas une impression aussi forte de désolation minérale.

Pour survivre et vivre dans des conditions aussi extrêmes, l'homme a dû apprendre à gérer les deux raretés d'un tel milieu : les sols cultivables et l'eau. Car les sols exploitables sont aussi rares qu'est l'eau. L'eau, si elle est précieuse toujours, est souvent de qualité médiocre à cause de la géologie et du manque de végétation élément fondamental dans la dynamique de la constitution des sols. Il a fallu que l'homme utilise toutes les ressources écologiques d'un milieu naturel extrême et défavorable à une vie pérenne.

Comme en tout désert existent des oasis : celles qui longent le Loa (qui va jusqu'au Pacifique) et son affluent le San Salvador, celles qui bordent les autres fleuves et rivières au fond de leurs vallées encaissées qui se déversent dans ce bassin, celles enfin qui entourent les quelques bassins endoréïques où se déversent des sources d'eau douces ou de salinité acceptable.

Les nombreuses rivières descendant des Andes ou qui sourdent des flancs de montagnes à la faveur de quelque faille, coulent dans des vallées encaissées. Elles profitent du moindre repli de terrain pour étendre leurs eaux en restanques marécageuses où l'herbe s'accroche dans les détritus alluvionnaires. Elles finissent toutes, sauf quand elles rejoignent un des nombreux *ríos* qui se déversent finalement dans le Loa, en des bassins endoréïques que l'on appelle *salares*, ou *vegas*, marécageux au centre quand l'eau abonde et qu'auréole une ceinture d'arbres. Parmi ces arbres indigènes, deux restent encore exploités : le *chañar*, qui produit une prune sèche, au tronc desquamé qui servait pour la teinture, et l'*algarrobo*, un garoubier. De ces arbres, tout était utilisé : fruits, feuillage, écorce, bois. Comme son nom l'indique, *salar* vient de sel et l'eau y est saumâtre, parfois trop pour permettre des cultures propres à l'alimentation humaine. Mais, à l'état naturel, ou ce qu'il en reste après ces millénaires d'occupation humaine, des plantes adaptées poussent qui servent de pâturages aux animaux indigènes sauvages (vicuña - *Vicugna vicugna* -, guanaco - *Lama guanicoe* -, *vizcacha*, lapin à queue - *Lagidium viscacia* -, colonies de *cholulos* - *Ctenomys fulvus* -), ou domestiqués (alpaga - *Lama paco* -, lama - *Lama glama* - cochon d'Inde). Sans compter les innombrables colonies d'oiseaux qui y nichent : flamands roses, canards et autres...

Figure 2

LOCALISATION DES VILLAGES ET AYLLOS ATACAMENIENS

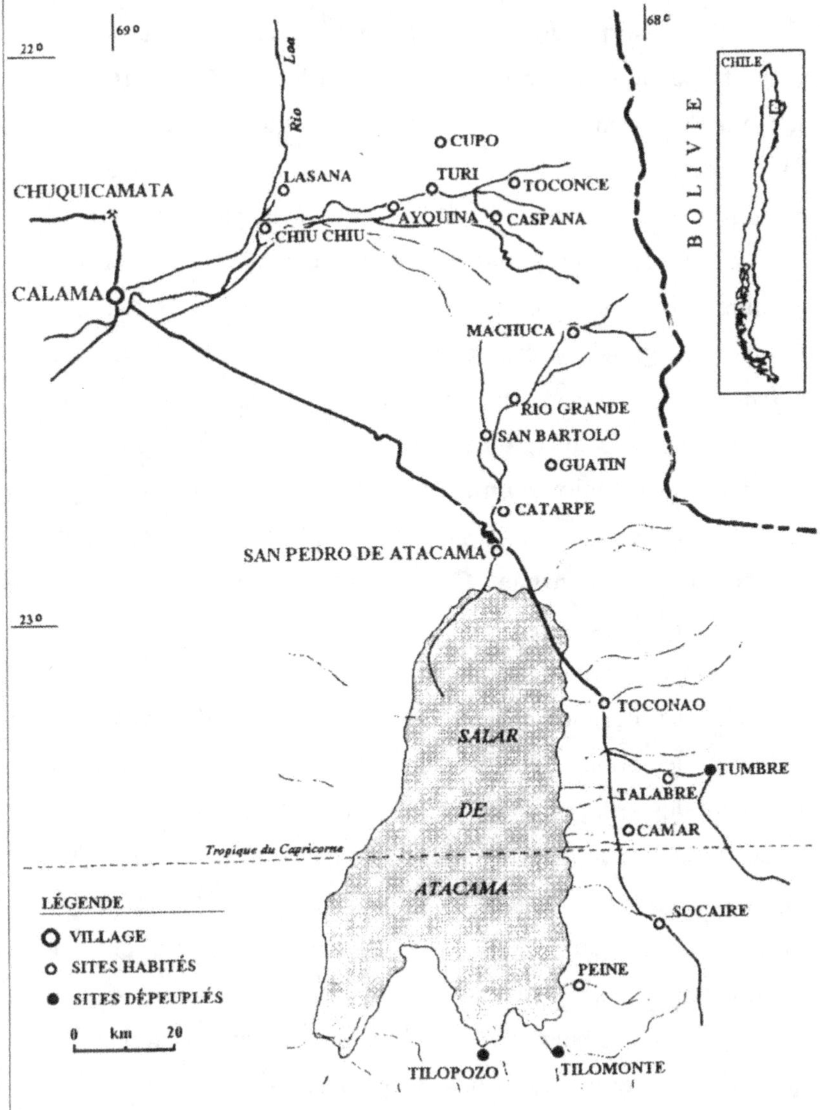

L'Atacameño, agriculteur du désert

Ce désert d'Atacama est habité depuis la plus haute antiquité, depuis dix millénaires. Dans cet espace infini, à l'échelle des premiers hommes, les Indiens qui y vécurent voilà dix mille ans surent tirer parti de la moindre opportunité. La moindre parcelle de terre inondée, le moindre pâturage étaient exploités par les populations indiennes qui tiraient avantage des ressources de toutes les niches écologiques que proposait la région. Des grands cactus candélabres étaient tirés l'hallucinogène de la fleur et du bois du 'squelette' de la plante. D'ailleurs le bois de la structure rigide maillée qui forme ce 'squelette' est toujours utilisé comme base de cloisons ou comme planches. La fleur est toujours exploitée aussi, ainsi que nous avons pu le constater à un passage près d'un bouquet de cactus candélabres, bien éloigné de toute habitation.

On doit signaler tout de suite un fait sur lequel nous reviendrons : durant ces millénaires le climat de la région s'assécha, les populations indiennes allèrent de la côte où elles formaient des groupes de chasseurs collecteurs, déjà d'un degré de culture matérielle assez avancé puisque l'on retrouve des momies de cette culture, vers la montagne où ils se fixèrent pour répondre aux conditions drastiques du milieu en communautésd d'agriculteurs-éleveurs.

L'assèchement graduel de cette région du monde a entraîné les groupes nomades de plus en plus haut dans des montagnes qui perdaient leurs neiges, les habituant à exploiter des niches écologiques de plus en plus différentes de celles qu'ils connaissaient sur la côte et à tirer profit de ressources rares et marginales. Chasseurs-collecteurs disposant d'une large connaissance du milieu naturel, ils ont conservé, en se tournant vers l'agriculture dans les rares lieux où celle-ci était possible, la capacité à exploiter les niches écologiques diversifiées éparpillées dans le désert. Groupes nomades dispersés dans le désert, un désert moins rigoureux qu'aujourd'hui doit-on insister, ils gardaient, par leur pratique de la chasse, l'interconnaissance mutuelle nécessaire pour ne pas se trouver isolés malgré leur sédentarisation en des oasis éparpillées à travers un large espace. On a donc affaire avec un cas typique de population non pas nomade mais réticulaire : un réseau d'oasis qui exploitait selon différents modes de résidences, nomades et sédentaires, des milieux différents. Ceci explique que ces groupes aient à la fois conservé une forte unité, linguistique en particulier, et qu'ils aient su faire émerger, malgré ou à cause de conditions écologiques difficiles, une culture matérielle et intellectuelle originale, une civilisation fort avancée, non pas repliée sur elle-même mais ouverte vers l'extérieur, en dehors de l'aire culturelle de la langue et de la culture kunza.

La civilisation atacameña s'est développée en émergeant de la propre logique interne des groupes de nomades-collecteurs répondant au défi d'un assèchement inexorable, mais sans pour autant se couper des avancées des autres civilisations andines. La culture kunza est une culture ouverte jouant la carte de la diversité, diversité interne pour exploiter au maximum un milieu naturel défavorable. Les oasis sont d'altitude et d'orientation géographique différentes selon l'entaillement des vallées, leurs potentialités sont donc différentes (figure 4) ; les groupes humains pouvaient vivre totalement en autarcie, ce qui aurait impliqué pour certains des régressions drastiques pour s'adapter à des conditions marginales. Mais ce n'est pas cette carte du repli qu'a joué la culture kunza : au contraire, l'échange généralisé de biens entre oasis s'est mis en place permettant une unification culturelle et une grande avancée technologique (maîtrise de l'eau, culture matérielle, techniques agricoles et d'élevage, sans que les connaissances toujours extrêmement riches des chasseurs-collecteurs aient été perdues).

Commerçant vers le nord, l'actuel Pérou, et l'est, l'actuelle Argentine, au delà des Andes, commerçant avec les groupes de chasseurs-collecteurs de la côte à l'ouest, les caravanes de lamas de ces communauté atacameñas restées centrées sur leurs oasis, dessinent les trois facteurs qui paraissent déterminer cette culture indienne et que nous rencontrerons à tous les stades de cette étude :

- exploitation du milieu naturel dans toute sa diversité (restes des nomades qu'ils furent : chasseurs-collecteurs, agriculteurs-éleveurs - et qu'il restèrent jusqu'à récemment) ;
- maîtrise de l'agriculture irriguée : maîtrise de l'eau et d'ouvrages d'art élaborés ;
- commerce, à tous les sens du terme, à longues distances avec les cultures et civilisations de la périphérie de leur monde.

En résumé, l'Atacameño paraît être un homme dont le plus grand souci est de maîtriser son environnement en s'y adaptant et en l'exploitant au mieux avec une stratégie qui recourt à l'évaluation totale des possibilités (matérielles ou humaines) qu'il offre.

S'appuyant et se développant sur ses propres traditions et assimilant volontairement les apports extérieurs, l'Atacama est donc devenu une haute civilisation qui est tombée sous l'hégémonie de l'empire inca cinquante ans avant l'arrivée espagnole. Quand le *pukara* (forteresse) de Quitor, verrou protecteur de la vallée centrale de l'Atacama, San Pedro de Atacama, est tombée après de longs combats sous les coups du général Pedro de Valdivia, les Atacameños formaient la partie sud de l'empire inca. S'achevaient ainsi deux millénaires d'une civilisation autonome née sur la côte mais qui a dû reculer devant la sécheresse et migrer en altitude : elle s'était construite en réponse aux contraintes du milieu par une logique purement interne. La colonisation espagnole, comme on le sait, changea radicalement le cours des choses et de l'histoire de ce continent et de l'Atacama. Pour autant, les Atacameños n'ont pas cessé d'être des acteurs de leur propre histoire. Banalité certes, mais encore faut-il la rappeler.

Devant l'impact de la colonisation, les Atacameños ont dû biaiser et s'adapter à des conditions politiques et économiques imprévisibles dans leur propre système. Cette caractéristique d'imprévisibilité, la colonisation inca ne devait pas l'avoir. La culture quechua étaient connue depuis plusieurs siècles par les Atacameños, et la colonisation des Incas n'avait probablement rien d'une surprise : elle était la conclusion d'un long processus dont les acteurs n'ignoraient rien. Face aux

Espagnols, les Atacameños surent plier et détourner les coups. Astreints à servir la Couronne, ils surent rester dans leur domaine de compétence (caravaning en particulier, fourniture de vivre pour les mines de Potosi). Quand l'exploitation du salpêtre remplaça celle de l'argent, l'Atacama resta de son temps : il se consacra à l'embouche des troupeaux et encore au transport, et quand enfin le cuivre domina le désert, les Atacameños surent s'adapter, comme toujours, mais le chemin de fer porta un coup terrible aux oasis. Ce fut la fin d'un monde : la pénétration du marché international au fin fond de *salares* bouleversa encore le paysage... mais l'Atacama sut toujours s'adapter. S'adapter ? Oui et non…

C'est donc pour comprendre cette situation qu'un programme de recherches a été monté. Il paraissait de l'extérieur que les oasis désespéraient de manquer d'eau. C'était, pensait-on au départ de ce programme, ce manque d'eau qui provoquait l'effondrement des oasis. La situation se révèlera plus subtile, plus contrastée aussi. La situation objective, telle qu'elle ressort de cette recherche, paraît difficile, même si l'on peut porter tous les espoirs compte tenu du passé et des potentialités de l'avenir.

Avant d'examiner la situation actuelle des oasis, nous aborderons les ambitions du projet scientifique monté par différents partenaires. Ensuite, nous traiterons de la situation historique, depuis le XVI ème siècle et, suivant principalement les travaux de Lautaro Núñez, les enseignements des recherches préhistoriques. Nous conclurons sur les perspectives qu'offre l'Atacama pour le futur, tant pour le Chili que pour ses habitants.

Le projet UCN/ORSTOM

La question des ressources naturelles renouvelables est une des questions les plus aiguës qui se pose au monde moderne. Les grandes conférences internationales, depuis celle de Río, ont alarmé l'opinion sur des indices de dégradation écologique que présente notre planète. Celle de Johannesburg en 2002, s'est conclue avec encore moins d'optimisme - si ce n'est que les terriens semblent prendre conscience des enjeux, et que les politiques restent en arrière n'a rien de nouveau. Ces inquiétudes sont latentes dans les milieux scientifiques et les opportunités pratiques ont amené des partenaires scientifiques à unir leurs forces intellectuelles et leurs moyens pour engager une recherche sur les conditions limites connues actuellement. En effet, certaines zones de notre planète sont représentatives d'un épuisement de ressources que l'histoire (ou notre aveuglement) nous avait habitué à considérer comme renouvelables. (Encore que l'histoire ait bon dos, car nous savons bien que nous avons consommé notre propre espace sans grande prudence.) L'eau ou l'air en sont les archétypes et on assiste également à un appauvrissement de la recharge naturelle des ressources.

Moins connue est la recharge défectueuse de nappes phréatiques par des constructions urbaines qui ne prennent pas en compte cet élément de l'équilibre naturel. Le pompage de nappes fossiles dans les déserts (cas des nouvelles oasis artificielles créées à coups de pétrodollars au Sahara), ou encore l'aggravation du trou d'ozone en haute atmosphère ou l'épuisement par déforestation de nos derniers poumons forestiers tropicaux humides (Afrique centrale, Asie des moussons, Amazonie en particulier) sont les signes avant-coureur d'un problème de l'humanité de demain, ou plutôt d'aujourd'hui, du moins pour les scientifiques ou les historiens dont l'échelle de temps n'est heureusement pas celle des politiques ou des financiers qui, obnubilés par le court terme, en oublient le futur. À chacun son métier, et il n'est pas question ici de critiquer la logique d'autres pratiques sociales que la nôtre. Mais nous sommes bien obligé de noter que l'intérêt des scientifiques pour les ressources renouvelables (en l'absence d'intervention humaine) répond à des interrogations majeures d'aujourd'hui et pas un amusement d'amateurs éclairés. Il est du ressort et du devoir des scientifiques d'élaborer des réponses à des questions qui seront des problèmes publics et politiques très bientôt, même si aujourd'hui elles ne font que de la figuration dans les enjeux électoraux.

C'est pour cela que nous croyons stratégique l'étude de ces situations, certes marginales mais tellement éclairantes, où des phénomènes cumulatifs d'ordres divers s'entremêlent pour amener certaines situations à la limite du catastrophique. (Il s'agit du long terme de la planète et du court terme de la pollution, de l'entremêlement des facteurs historiques de longue période et des facteurs financiers dans le court terme, de l'entrelacement des causes politiques immédiates et des mouvements longs de l'économie internationale...)

C'est parce que le désert de l'Atacama semblait présenter un tel cas d'école que la Universidad Católica del Norte, UCN, d'Antofagasta (II ª Región du Chili) et l'Institut français de recherche scientifique pour le développement en coopération, ORSTOM, devenu depuis IRD, Institut de recherche pour le développement, ont établi un projet à l'intérieur d'un grand volet *dynamique et usage des ressources naturelles renouvelables* : le programme *DURR*. Ce projet, intitulé *Le désert, l'homme et l'eau dans l'Atacama*, a eu pour coordinateurs Hugo Alonso et Pierre Pourrut.

Se sont unies à ce projet, comme autres acteurs institutionnels, l'Université catholique pontificale du Chili et l'Université d'Antofagasta.

Problématique scientifique de l'étude

Au départ, l'idée était que la dégradation apparente des oasis avait pour cause un appauvrissement des ressources en eau. Et que cette diminution de la ressource provenait des prélèvements des usines de cuivre de Calama et Chuquimata. La situation est apparue à l'étude beaucoup plus complexe. Elle requerrait, pour sa compréhension, un éventail disciplinaire large dont le projet s'est adjoint [2].

Nous pensions que l'eau était le pivot central de la survie de l'ethnie atacameña. L'exploitation minière proche et la pression qu'elle exerce sur les nappes et les eaux superficielles paraissait aggraver, d'une part, la dégradation de l'agriculture, et d'autre part la paupérisation des populations

---

[2] Voir en introduction la liste des participants au projet.

paysannes et l'exode rural. En fait, il nous est apparu que la situation actuelle prenait ses racines dans une grande profondeur historique et que la conjonction des causalités était plus complexe que nous ne l'avions imaginée. L'autonomie des Atacameños et la force de leurs propres réponses aux contraintes du milieu géo-historique est vite apparue comme déterminante. Déterminante aussi la marginalisation globale de cette zone qui s'est trouvée aux marges des systèmes géopolitiques depuis cinq siècles. Certes, cela ne controuve pas l'idée centrale du programme DURR mené ici sur l'eau comme ressource rare, mais nos conclusions, provisoires comme toutes conclusions scientifiques, montrent combien l'homme, avec sa volonté et son ingéniosité, peut être l'élément principal de son évolution, si les conditions naturelles ne font pas défaut totalement. Car, dans des situations dirimantes, l'homme peut être démuni : on a l'exemple de cette limite, avec Topain, où l'eau ayant disparu, l'homme aussi en disparut il y sept siècles.

Ce n'est donc pas une raréfaction de l'eau qui explique la situation actuelle (et donc encore moins le poids sur les ressources en eau de la région des mines de cuivre et de l'urbanisation généralisée qui affecte ce coin du monde). Certes les ressources hydriques sont rares, certes les grandes compagnies minières, véritables États dans l'État, pompent, - peut-être abusivement - les nappes et détournent à leur propre usage des eaux traditionnellement dédiées à l'alimentation humaine et à l'irrigation, mais on ne peut conclure que la situation actuelle de l'ethnie atacameña soit la conséquence d'une politique d'exploitation des richesses minières du désert et de l'urbanisation côtière.

L'Atacama est certes affecté par cette exploitation mais peut-être parce qu'en eux-mêmes ses habitants en 'sont d'accord'. Ils ont l'habitude de répondre aux contraintes et probablement même à les précéder, lucides qu'ils sont au moindre signe de changement. Depuis trois millénaire, l'ethnie atacameña a su affronter changements écologiques, ouvertures commerciales, arrangements avec les colonisations inca puis espagnole, avec le caravaning, la production vivrière, l'embouche animale... Elle a su envoyer ses fils exploiter l'argent du Potosí, le salpêtre du désert, le cuivre de Chiquimata ; elle a su qu'il fallait trouver une autre réponse à la modernité qui la frappe, avec sa croissance démographique, sa mainmise de l'État, son urbanisation, ses nouveaux modèles de consommation...

Dans ce complexe de causes, l'eau - et sa raréfaction en qualité et quantité - sont, si l'on peut dire, une goutte d'eau. En effet, il y a autant abandon de pratiques culturales traditionnelles qu'impact de difficultés d'origine externe. (Au cours des dernières décennies on a assisté à la perte de la systématisation du lavage des terres trop salées comme aux Baños de Turi, à l'abandon de la construction anthropique des sols, à la sous-utilisation des plantes et animaux indigènes, et on a enfin oublié la rationalité subtile d'une pratique politique de la répartition des eaux et de ses objectifs d'optimisation collective.) Certes, les deux mouvements sont concomitants et on ne peut distinguer la poule du poids de l'extérieur de l'œuf de la logique interne. Mais il faut bien reconnaître qu'il n'y a pas de causalité simple.

Figure 3
LES AYLLOS DE SAN PEDRO DE ATACAMA

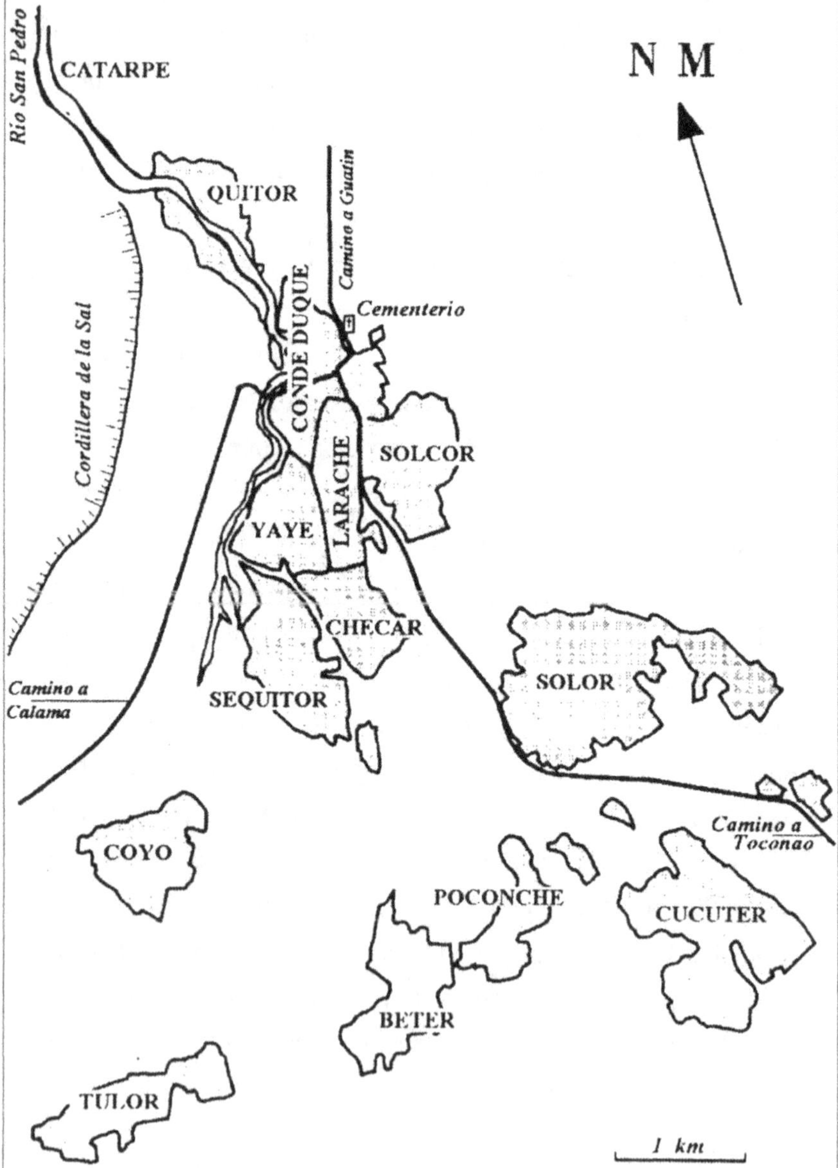

La situation actuelle du pays d'Atacama [3]

L'Atacama se compose d'un certain nombre d'oasis divisées elles-mêmes en *ayllos* [4], ou communautés paysannes. Les oasis sont (cf. carte de la figure 5) : San Pedro de Atacama, Toconao, Río Grande, Talabre, Camar, Socaire, Peine, Chiu Chiu, Lasana, Ayquina-Turi, Caspana, Toconce, Cupo. Ce sont des localités qui regroupent parfois plus d'un ayllo, communauté agricole. Le cœur du pays atacameño est San Pedro de Atacama, la plus vaste des oasis, installée autour d'un *salar* (marais) au cœur d'une dépression endoréïque désertique. Vu de l'extérieur, San Pedro de Atacama ressemble vraiment à une oasis de désert telle qu'on l'imagine : un bouquet de verdure au milieu de sables. Très vaste, San Pedro de Atacama est composé de plusieurs ayllos, chacun avec sa spécificité culturelle et ses potentialités ; en effet, l'agriculture de chacun dépend de la qualité des eaux et de la proximité des sources. Ce sont : Quitor, Condeduque, Séquitor, Solcor, Coyo, Larache-Solcor, Solor, Checar, Tulor, Beter, Poconche, Yaye.

---

[3] Nous ne citons pas les documents du projet dans cet ouvrage, ni ceux des collaborateurs du projet, ni ceux sur lesquels ils s'appuient eux-mêmes. Nous partons de ces documents pour rédiger cette version grand public de l'ouvrage cité « *Agua, occupazción del espacio y economía en la Región atacameña. Aspectos dinámicos* », UCN/ORSTOM, Antofagasta, NORprint, diciembre de 1995 : 111. Le lecteur intéressé pourra se reporter aux bibliographies présentées dans ce livre. Au cours de l'ouvrage nous serons amené à citer d'autres travaux que nous signalerons en note bibliographique finale.

[4] On parle plutôt en français d'*ayllu*, pour désigner les communautés soumises à l'Inca, nous conservons ici la graphie chilienne.

De San Pedro de Atacama, on voit très bien le volcan Licancabur, vénéré par les Atacameños, et les fumerolles d'un autre volcan voisin. La population est, en 1992, de 460 habitants pour 958,3 ha irrigués (1006.9 ha en 1960), soit une densité de 48 hab/km².

Chaque oasis ayant des potentialités écologiques particulières, le pays atacameño s'est fondé sur l'échange autant que les ayllos se sont basés sur l'eau. L'espace social atacameño est un espace réticulaire, comme disent les géographes pour exprimer le concept opposé à espace continu : un réseau, un maillage de points reliés par des lignes de communication. En effet, le désert lui-même était plutôt un lieu de passage même si seules quelques zones étaient propres à des activités cynégétiques. La vallée de la Luna, composée entièrement de couches de sels, n'a aucune plante. Et tout animal - sauf de passage et amené par l'homme – de passage ou égaré est voué à une mort certaine - en dehors des oiseaux en repos.

Le désert n'était pas un espace exploité; il l'a été avec l'extraction du salpêtre, nécessaire aux guerres européennes et aux engrais, mais cela récemment [5]. Durant la période précolombienne il était quand même utilisé comme engrais mais il fut supplanté, avec la paix espagnole, par le guano des côtes, et l'usage s'en était depuis perdu.

---

[5] *El caliche*, la pierre de soufre, et le nitrate (*salitre*, ou' farine de la lune pleine' en kunza) ont été exploités intensément jusqu'à la grande crise de 1929. En 1928-29 2,737 millions de tonnes ont été vendues, pour 190 mille en 1931-32. Le nitrate est d'origine bactérienne. Étaient aussi exploités le bore et l'arsenic.

C'est donc cette capacité d'organisation souple de communautés rurales dispersées qui échangeaient par caravanes de lamas leurs produits différents qui a fondé la nation atacameña. Elle explique que cette tradition de caravaning ait été si prégnante et ait produit une culture ouverte, qui a commercé hors de ses frontières et de sa zone écologique désertique pour aller vers le nord et l'ouest (alors qu'elle-même, en tant que culture, elle venait de la côte est). Signalons que le cuivre est, depuis les temps pré-incaïques, extrait et exporté par les Atacameños ainsi que le prouve la découverte de mineurs ensevelis accidentellement dans leurs propres mines, et retrouvés 'minéralisés' à Chuquicamata par exemple.

Près de trois millénaire d'évolution : la lente migration des populations du désert vers les hauteurs andines.

L'archéologie est la science actuelle la plus mise à contribution pour entendre l'histoire atacameña. Il faudra, pour étudier valablement les sources historiques déposées dans les archives chiliennes et espagnoles, des problématiques plus fines que celles qui sont disponibles actuellement.

L'étude adéquate des sources historiques écrites enrichira considérablement les problématiques scientifiques. C'est un des résultats de ce projet conjoint UCN-ORSTOM de proposer à la recherche des voies nouvelles qui donneraient à l'Atacameño un rôle plus actif dans l'histoire coloniale qu'il a connue.

Une autre orientation repérée par le projet sera l'exploration des textes kunza, pratiquement pas exploités, qu'il faudra savoir faire 'parler' aux deux niveaux du contenu informatif et de la structure de la langue qu'ils supposent.

Assèchement lent et migration de la côte vers les flancs de montagne : préhistoire et histoire jusqu'à l'invasion espagnole de 1536

Depuis quinze mille ans l'homme a laissé ses traces sur l'espace qui va de la côte à la cordillère. Il a donc été le témoin de la disparition de la faune du pléistocène, et participé un peu à cette disparition. Mais l'histoire des groupes indiens qui nous occupe remonte à cinq-dix mille ans. Durant ces derniers millénaires, l'écologie de la zone a changé. Nous savons signalé le lent assèchement depuis le miocène. À son arrivée dans ces terres, l'homme a dû s'habituer cet assèchement : de 400 mm par an il y a trois millénaires, la côte n'en reçoit maintenant que le dixième. Si les montagnes sont certes plus arrosées, elles ne le sont pas au point de receler les glaciers que l'on s'attendrait à y trouver.

Les groupes de chasseurs-collecteurs qui vivaient sur la côte, disposaient d'une nature riche en ressources tant sur terre que par les masses poissonneuses des côtes. Les momies montrent que les hommes souffraient d'infections répétées aux oreilles de par leurs plongées sous-marines qui provoquaient des excroissances osseuses dans le canal auriculaire; les femmes, elles, souffraient d'être trop longtemps accroupies, probablement à casser les coquillages. Ils parcouraient un espace écologiquement diversifié et, quoique l'on pense que certains étaient relativement sédentarisés au bord de mer, ils pouvaient aller en montagne élargir leurs ressources par la chasse aux nandous et aux guanacos, ainsi qu'aux oiseaux migrateurs ; les lacs d'altitude restent fréquentés par ces vols de migrateurs, comme les flamands roses (*Phœnicoparrus sp.*) et la récolte d'œufs et de graines et fruits saisonniers. Ils faisaient ainsi face aux difficultés climatiques ou d'approvisionnement qu'ils pouvaient momentanément rencontrer sur la côte (migration des mammifères marins comme les otaries et baleines qu'ils chassaient au harpon...) Ces groupes ont atteint un haut niveau technologique et cela dès la plus haute antiquité. Ils procédaient à la momification de certains de leurs morts (les autres paraissant être seulement mis à sécher au soleil) et on a trouvé à Arica des momies dites *chango* [6] dont les techniques de momification sont très élaborées : « minutieuses et compliquées » aux dires des spécialistes (curieusement les techniques se sont dégradées à partir de 3670 avant présent). Le contexte d'accompagnement de ces momies prouve que la culture matérielle et l'organisation sociale de ces groupes étaient d'une grande complexité. Ces momies sont datées, non de deux mille ans comme l'avait estimé Max Uhle dans les années 1920, mais elles remontent à huit millénaires avant le présent.

Il y a dix mille ans, avec la régression des glaciers et la disparition des grands herbivores de l'époque glaciaire, arrivèrent dans la région atacameña actuelle, les premiers chasseur-collecteurs qui élirent domicile dans les vallées intérieures exploitant les troupeaux sauvages de camélidés, les

---

[6] Les momies 'chango' ont fait l'objet de travaux de plusieurs anthropologues, citons M. Uhle, 1919, A. & E. Cockburn, 1980 cités par M.J. Allison 1985, in *La Recherche*, vol. 16 n° 172, : 1550-1552

rongeurs et la faune aviaire. Jusqu'à cinq mille avant le présent, les groupes humains, tout en restant chasseurs-collecteurs, augmentèrent en nombre, les habitats se densifièrent, les techniques matérielles (habitats de pierres, outillage) et les pratiques de type religieux (enterrements des morts) s'affinèrent.

Entre cinq et quatre mille ans avant présent, la domestication animale débuta : des guanacos et vigognes progressivement domestiqués en lamas et alpagas accompagnèrent désormais l'implantation des hommes dont l'exploitation du milieu naturel ne laissait de côté aucune ressource : farine des fruits du chañar et de l'algarrobo, consommation des différents cactus, des plantes aquatiques. L'étape suivante sera la maîtrise technologique de l'élevage, du textile, de la métallurgie et de la poterie. Cette étape sera facilitée par les nombreux contacts que ces populations auront avec leurs voisines transandines.

Il y a trois mille ans, les groupements humains se stabilisent, les parcelles cultivées débutent, culture en jardins de maïs (qui vient de la Méso-Amérique), mais aussi, et probablement, mais on n'en a pas la preuve, de quinoa, de pomme-de-terre, calebasses... dont nous savons par ailleurs qu'elles étaient maîtrisées déjà par l'homme. Peu de temps après, cinq siècles avant notre ère, prend naissance la civilisation atacameña, celle dont il est question tout au long de ce livre : une civilisation fondée sur le triptyque : agriculture irriguée, donc intensive, élevage, exploitation extensive du milieu naturel. Il ne manque que le commerce, mais la pratique de la chasse ne laissait pas les groupes des oasis aussi isolés les uns des autres qu'on pourrait le penser.

Il est un fait dont il faut bien s'imprégner pour comprendre ces ancêtres de ce lointain passé : ils n'ont pas connu des époques aussi tranchées que celles qui frappent l'humanité actuelle. Ils ont continué la chasse en concurrence avec l'élevage tant qu'ils l'ont pu (À. Legge et P. Rowley-Conwy, 1987) ; de connaître l'agriculture ne leur faisait pas pour autant abandonner la collecte, même si celle-ci s'inscrivait dans une autre pratique sociale, celle de la spécialisation de sexe ou d'âge : l'examen des derniers groupes ou des agriculteurs disposant toujours d'un milieu naturel 'en bon état d'origine', le montre bien de nos jours. Des milieux qui paraissent désolés sont parfaitement exploités par des gens qui, les parcourant en permanence, en tirent des compléments alimentaires substantiels. Ce peut être par les bergers, ou les enfants ou les femmes..., mais de toute façon, rien n'est perdu.

C'est l'assèchement permanent de ce désert qui a fait que les groupes humains de la côte n'ont pu continuer leur évolution sur place (en restant sur la côte) et qu'ils en sont restés au stade de groupes plus ou moins nomades, exploitant la frange côtière sans pouvoir fonder une agriculture. Leur niveau technologique est resté celui de chasseurs-collecteurs. Si leurs descendants ont pu élaborer une civilisation fondée sur l'agro-pastoralisme, c'est parce qu'ils ont pu monter le long des flancs des Andes et trouver des zones propices à un habitat permanent en assez grand nombre pour pouvoir mettre au point un ensemble de techniques adaptées, en particulier d'irrigation. Eux-mêmes, en conservant des pratiques de chasseurs-collecteurs, ont ainsi pu commercer avec d'autres groupes humains avancés dont ils ont pu tirer connaissances nouvelles, techniques plus productives et biens d'échange. L'influence de la culture de Tiwanaku (vers La Paz) sur l'Atacama est très sensible quoiqu'elle soit vite assimilée par des canons esthétiques proprement autochtones des gens des oasis.

Relations avec la culture Tiwanaku

C'est il y a quinze siècles que se diversifie la céramique (la noire et polie qui est associée à la rouge gravée, où déjà se perçoit bien une continuité culturelle de sobriété dans le dessin stylisé), et que se raffine la vannerie. L'évidence de pratiques shamaniques à base d'hallucinogènes prouve que la complexité de la société et son niveau s'élèvent. La culture atacameña, déjà solide et endogène, va profiter de ces contacts commerciaux qui prouvent l'existence d'un commerce international qui met en contact direct les oasis avec la culture Tiwanaku, dès le cinquième siècle de notre ère. L'échange des surproduits et les complémentarités des productions amènera des changements culturels importants chez les Atacameños.

Les Atacameños vont diversifier leurs décorations, initier de nouvelles techniques identitaires (déformations crâniennes spécifiques) et de différenciation sociale, et pratiquer de nouveaux modes de cultes et d'hommages (sépultures). Sans pour autant perdre la base matérielle particulière qu'ils avaient élaborée au cours des précédents siècles d'isolement. Ils doivent à Tiwanaku de nouveaux modèles esthétiques et d'emprunts de matériaux. Le coquillage *mullu* dont la nacre était incrustée dans les objets et bijoux et qui venait de la côte équatorienne en passant par des nombreux échanges intermédiaires avant d'arriver en Atacama. Ils doivent aussi à leurs voisins une diversification de leur approvisionnement en hallucinogènes, qu'ils inhalaient grâce à un appareillage (tablettes, broyeurs et pipettes) dont la décoration raffinée montre l'importance sociale.

C'est à cause de leurs relations avec Tiwanaku que les Atacameños procèdent à l'extention des mines de cuivre, qu'ils vont exploiter pour commercer (et il fallait bien dégager un surplus important en hommes et en vivres pour une telle activité). Pour cela, ils redescendront vers le désert. Ils y exploiteront également les pierres semi-précieuses qu'ils trouveront : malachite, turquoise, onyx. On ne sait pas trop quels objets manufacturés et outils entraient dans ce commerce, mais qu'il ait été à avantages mutuels et contrôlé par les oasis paraît certain. De nouvelles souches de plantes, des techniques d'exploitation différentes furent véhiculées par ce trafic qui ne cessa jamais quelque furent les civilisations-cibles pour les Atacameños devenus les intermédiaires entre la côte et les hauts plateaux andins.

Le commerce à grande distance par caravanes ne s'est pas limité à des contacts avec la seule Tiwanaku. D'autres traits et techniques, d'autres espèces cultivées de maïs furent empruntés à d'autres cultures comme la culture Yavi de la puna du nord-est de l'Argentine, ou la culture Aguada.

Il y a mille ans, le schéma sur lequel s'est établie la culture atacameña est donc parfaitement installé : agriculture, élevage, commerce vers le nord et usage extensif du milieu naturel d'où sont tirés les engrais phosphatés, le cuivre, d'autres métaux et des pierres semi-précieuses et des ressources alimentaires de chasse et de cueillette en même temps qu'il sert à l'élevage extensif.

La chute de Tiwanaku : le temps des *pukaras*

Il ne faut pas imaginer les Atacameños tranquillement installés et allant commercer à l'extérieur. La chute de Tiwanaku inaugura une ère d'instabilité du X ème au XV ème siècles et les principautés environnantes de l'altiplano ne se firent pas faute de venir piller les oasis. Des *pukaras*, forteresses défensives, protégèrent les communautés des attaques et des invasions. De nombreuses blessures marquent les ossements retrouvés ; on estime que 14 % d'entre elles proviennent de faits de guerre. Au musée de San Pedro, une mâchoire humaine porte encore incrustée la pointe d'obsidienne de flèche reçue par l'homme plusieurs années avant sa mort.

On ne sait pas exactement pour quelles causes profondes l'instabilité s'étendait, mais les Atacameños tentaient de coloniser le nord-est argentin, tandis que les peuples de l'altiplano subissaient la pression aymara et la répercutaient sur leurs voisins du sud, Tarapaqueños et Atacameños. Les royaumes aymaras guerroyaient entre eux et étaient en pleine expansion territoriale. Tous les peuples tentaient également d'étendre leurs territoires mais la variété des écosysèmes ne facilitait pas l'extension géographique de chacune des cultures en conflit, alors que la base andine commune de cette diversité permettait une lutte permanente (et non pas des raids ponctuels plus ou moins productifs). Cette lutte permanente les obligeait à satisfaire leurs besoins par des échanges. De cette période, on pourrait dire que la guerre fut la continuation du commerce par d'autres moyens. On peut dire que cette culture du désert devait avoir historiquement éprouvé que la survie des ayllos passait par l'échange commercial, seul à même de combler les déficits des communautés qui ne pouvaient vivre sur leurs seules ressources compte tenu des variétés et des spécialisations écologiques. Et, dans cette conjoncture, la guerre était nécessaire et processus d'échanges.

La poussée et la colonisation de l'Inca

En moins d'un siècle, Cuzco étant devenu le centre d'un empire, l'ordre se rétablit. Túpac Yupanqui conquit l'actuel territoire chilien de l'Atacama et l'incorpora comme frontière sud de l'empire inca (1450 environ). La domination inca fut plus politique et économique que culturelle ; le quechua ne fut pas imposé quoique ce fut la langue administrative de l'empire, mais, enseigné activement, il se répandit (pour rester la *lingua franca* de l'altiplano). On peut se demander quel lien existerait éventuellement entre l'abandon du kunza et la pression conflictuelle quechua/espagnol en Atacama au siècle dernier). Si le culte du soleil fut imposé, il restait politique (mais l'abandon des hallucinogènes pour la coca dut porter un rude coup aux pratiques shamaniques propres à la culture atacameña).

Les seigneurs atacameños se trouvèrent intégrés sous contrôle inca à la hiérarchie étatique. Il semble que l'effort de Cuzco porta à s'approprier les ressources minières (cuivre, or, pierres) que le désert recelait en plus de surplus alimentaires conditionnés (farines, viandes séchées) et du bois. L'emprise ne fut pas technique et l'Inca se contenta de ponctionner l'Atacama à travers le travail obligatoire (la *mita*) sans y créer de manufactures. On ne relève des traces d'influence que dans la poterie. Il ne semble pas que Cuzco ait pu établir des colonies quechua dans une zone écologiquement particulière et déjà bien peuplée. Aucune trace à ce jour en a été relevée, il existe bien un cimetière abondant en poterie inca, mais ce n'est que la preuve que de l'administration inca était installée en Atacama.

Le grand apport inca fut moins matériel qu'idéologique et administratif. Avec la paix inca, le commerce retrouva toute sa vigueur. Des biens complémentaires pouvaient de nouveau circuler. Des petites zones exploitables abandonnées durant la période de troubles purent être recolonisées. La population dut croître. La consommation d'hallucinogènes devint marginale mais la coca fut de consommation courante. Les cultes locaux s'effacèrent au profit des cultes officiels. Mais cette colonisation inca ne dura que 50 ou 60 ans. Elle était facilitée par de nombreuses proximités culturelles d'adaptabilité que l'on peut repérer entre les populations quechuas (homogènes sur les plans culturels et linguistiques mais pas racialement) et par une longue connaissance préalable entre les caravaniers atacameños et l'empire inca (lequel prépara soigneusement son invasion par une reconnaissance systématique des déserts qui isolaient l'Atacama).

Mais ceci n'était qu'un mouvement naissant que l'invasion espagnole brisa net. Totalement inopinée, en rupture complète avec toute l'histoire antérieure, cette invasion, que rien dans l'histoire millénaire interne n'annonçait, changea le cours des choses. C'était l'année 1536. Les populations des Andes, qui croyaient être la seule humanité, apprirent, par le fer et la croix, qu'elles étaient indiennes depuis 1492.

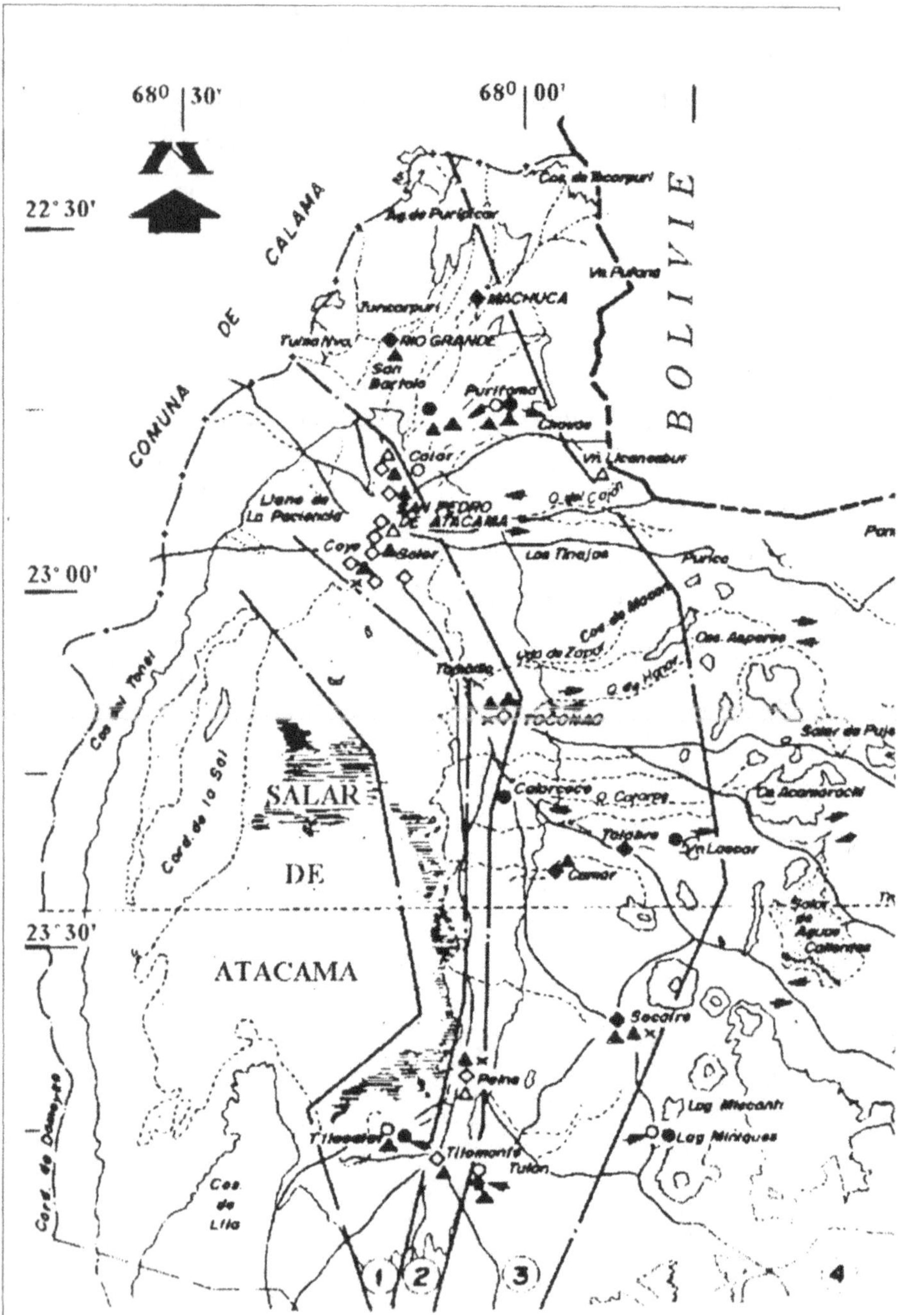

68° 30'
68° 00'
22° 30'
23° 00'
23° 30'
BOLIVIE
COMUNA DE CALAMA
MACHUCA
RIO GRANDE
San Bartolo
Puritama
Toconce
SAN PEDRO DE ATACAMA
Llano de La Paciencia
Solor
TOCONAO
Camar
Socaire
Peine
Tilomonte
SALAR
DE
ATACAMA
Cord. de la Sal
Cord. de Domeyko
1
2
3
4

Figure 4
Situation des épisodes d'occupation à l'échelle régionale
(3000 a.c. - 1995 d. C.)

Selon L. Nuñez

Les sites d'occupation et l'organisation de l'espace atacameño

Les sites d'occupation humaine sont déterminés par le régime pluvial aléatoire, moins pauvre en altitude mais très faible dans le salar d'Atacama (35 mm/an en moyenne sur dix ans), très variable d'une année sur l'autre, avec un zonage altitudinal fort. Sévères gelées quasi-permanentes dans le cours de l'année, mis à part deux à quatre mois. Les ressources sont faibles et pourtant les sites archéologiques marquent une présence, continue et historiquement profonde, de l'homme dans ce territoire appelé Puna Salada, terres salées de haute altitude. Les oasis se répartissent le long de la pente des Andes de 2000 à 3 500 mètres. On distingue les oasis d'altitude (San Pedro, Toconao, Peine...) de celles des *quebradas intermediarias*, des failles où débouchent des sources (Río Grande, Talabre, Camar, Socaire...) Pour étudier les oasis dont la diversité est le premier trait, nous allons tenter de mettre un peu d'ordre dans les informations disponibles en étudiant un transect, celui de la Quebrada de Tulán (2 300 - 6 000 m. d'altitude).

Écologiquement la zone d'étude est un semi-désert d'altitude avec des arbustes et herbes totalement conditionnés à la sécheresse : l'herbe est rase, les plantes sont en boule et des fleurs minuscules apparaissent en été, s'appropriant la moindre miette de terre entre les cailloux. Les graminées sont donc dans des situations fragiles, soit par manque de terre, d'eau, de fortes gelées ou de compétition défavorable devant des plantes mieux adaptées aux extrêmes. Si l'on fait un transect Tulán-Peine, on peut déterminer plusieurs niches écologiques, ou districts, qui furent occupés et intensément à des époques différentes, selon la sécheresse que connaissait la zone. On y voit la lente montée des populations jusqu'aux niveaux qu'elles occupent actuellement.

Figure 5

SITUATION DU TRANSECT DE TULÁN DANS SON CONTEXTE GEOGRAPHIQUE DE LA II° REGION DU CHILI

VERTIENTE OCCIDENTAL DE LA PUNA DE ATACAMA
TRANSECTO QUEBRADA TULAN

Le transect de Tulán, description géographique

Pour aborder cette phase de notre tentative de compréhension, nous sommes parti de l'analyse d'un transect, celui de Tulán que nous allons examiner selon deux axes : le premier géographique, le second historique.

Le district de Tilocar, entre 2 300 et 2 380 m d'altitude)

Il correspond au bord oriental du Salar d'Atacama. Il existe quelques lagunes avec des populations de flamands et d'oiseaux, ainsi que des cholulos, rongeurs qui se nourrissent de racines et vivent en grosses colonies sous-terraines. Des marais humides riches en herbes et plantes semi-aquatiques (*vegas*). Quand on s'éloigne de ces lagunes, une couronne d'arbustes divers précède les sols nus. Ces zones furent intensément exploitées par les chasseurs-collecteurs, puis les pasteurs de lamas et actuellement les bergers y mènent leurs troupeaux.

Le district de Tilomonte, entre 2 300 et 2 750 m d'altitude)

Chañares et algarrobos, maïs sont les richesses de cet étage écologique qui bénéficie des eaux d'un *arroyo* (oued). Il est un des hauts lieux pré-colombiens de surproduction agricole.

Il devait y avoir également des troupeaux élevés en extensif qui mettaient à profit les zones environnantes.

Le district de Tulán, entre 2 750 et 3 500 m d'altitude)

Bénéficiant des eaux d'un arroyo, ce district est déjà dans la zone écologique 'étage andin inférieur', avec la formation végétale '*tolar*' andin dans laquelle 80 % des plantes sont utiles aux herbivores. Mais c'est un pâturage temporaire et lié aux pluies saisonnières. Exploité dès la plus haute antiquité, c'est un des berceaux de la domestication du lama.

Le district de Meniques, entre 3 500 et 5 650 m d'altitude)

Les pluies d'été (d'environ 200 mm/a) produisent ce qu'il est convenu d'appeler l'hiver bolivien, avec des peuplements boisés et une couverture végétal croissante. Jusqu'à Socaire (3500 mètres) l'agriculture est possible. Au-delà, elle ne parait pas avoir été tentée. Les conditions créées par les gelées sont drastiques. La steppe d'altitude doit affronter des écarts journaliers de 10 à 20° centigrades. Ce sont des pâturages d'été où la collecte d'œufs et la chasse ont toujours été possibles et pratiquées. Au delà de 4 250 mètres commence un semi-désert d'altitude. C'est la zone qui paraît disposer de la biomasse la plus forte comparée aux niveaux antérieurs : camélidés sauvages, renards, chinchilla, puma, tourterelles, perdrix, flamands et autres oiseaux aquatiques...

Figure 6

Croquis du transect de Tulan avec ses zones écologiques

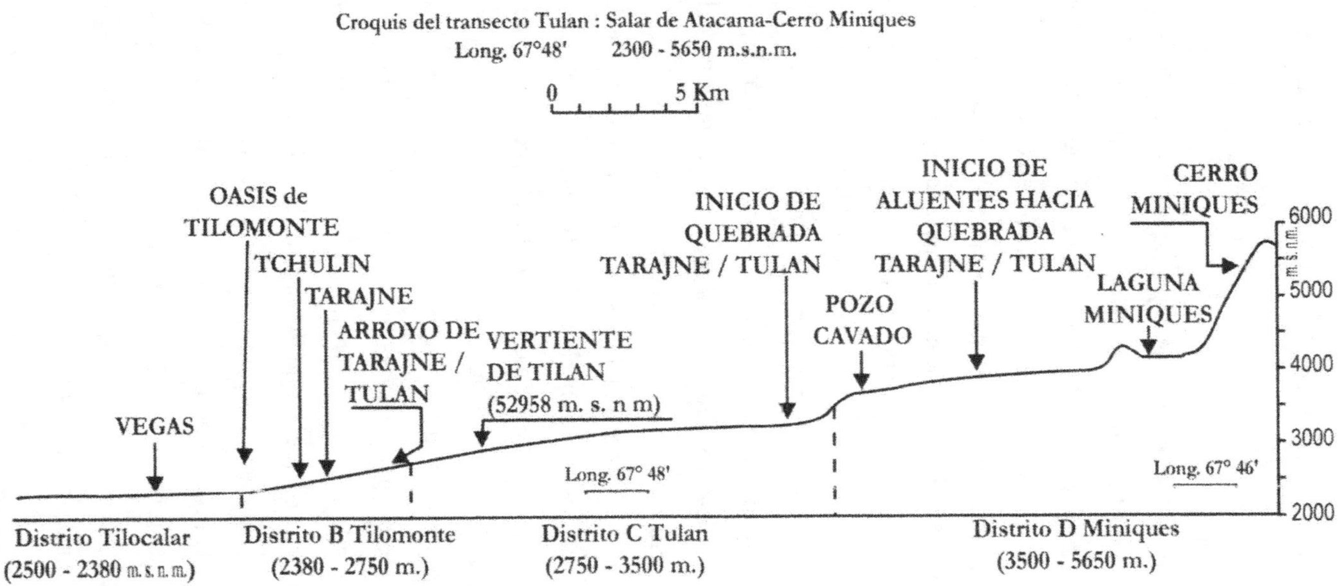

Les sites pré-colombiens du transect de Tulán

108 sites ont été repérés entre le lac de Meniques et le Salar de Atacama. Ils montrent que dès le début les populations ont exploité l'ensemble des zones altudinales selon la saison tout en résidant préférentiellement aux étages intermédiaires. On peut diviser selon le temps ces sites et leurs caractéristiques. Les figures 7 à 11 en donnent quelques exemples :

— les occupations archaïques de chasseurs-collecteurs purs (5 000-3 200 A.P. - avant présent);

— les occupations de formes antiques (3 200-2 400 A.P.) quand débute la domestication des lamas ; on trouve la systématisation du jardinage en petites parcelles (maïs, curcubitacées, quinoa, piments) ; on trouve également les signes d'un artisanat florissant en céramique, métallurgie d'or et de cuivre, de vannerie et de fabrication de textiles ;

— un troisième épisode est l'occupation de formations avancées (2 400-1 500 A.P.) où l'élevage semble dominer l'agriculture, et où apparaissent les traits évidents d'un commerce par caravanes. Les lieux dominants qui paraissent former le centre hégémonique de cette période sont les oasis chaudes comme Peine, Toconao, San Pedro. Les produits des autres niches écologiques d'altitude sont exploités et transportés. On a aussi un apport très important des troupeaux et ressources sauvages, tant de camélidés que d'oiseaux et rongeurs. La poterie noire polie atteint son niveau le plus élevé. La transhumance continue, soit réalisée par des groupes entiers soit par des groupes de spécialistes (chasseurs-éleveurs seuls), qui s'approvisionnent ainsi en métaux ou en roches utilisables pour l'outillage comme les gisements affleurants d'obsidienne. La forme de l'habitat change, mais l'agriculture reste dans son orientation précédente de jardinage. Les habitats présentent des signes nets de permanence : le nomadisme s'est achevé, il est remplacé par des activités pendulaires, exercées par des sous-groupes ou par des spécialistes : ils vont selon la saison et selon les conditions climatiques momentanées à un étage ou l'autre d'altitude, exploiter telle ou telle ressource.

— un quatrième épisode est celui du développement régional de l'an 800 à l'an 1450 de notre ère, c'est alors qu'apparaît le contrôle hydraulique et l'irrigation par canaux. Les cultures sont associées avec science : par exemple le maïs et l'agarrobo sur des parcelles inondées. L'agriculture prend la tête dans l'économie des oasis aux dépends de l'élevage et du commerce caravanier, lesquels lui sont soumis. C'est le contrôle et la maîtrise de l'eau qui fonde désormais le pouvoir et les techniques visent à l'économie de cette ressource avec une protection arborée contre l'évaporation, à son transport plus rationnel par canaux empierrés que le dégazage rapide des eaux profondes cimentent. L'irrigation a permis la croissance de la population en assurant une sécurité alimentaire par une accumulation prévisionnelle de grains. Le pouvoir pour l'ensemble des oasis va se localiser dans les grandes oasis, plus fragiles en ce qui concerne l'élevage car elles ne disposent pas d'autant de territoires utiles que les petites. Par contre, elles disposent d'un plus grand terroir cultivé intensément et dont la productivité représentait pour ces populations un saut qualitatif.

Ceci expliquerait pourquoi l'hégémonie intellectuelle et le pouvoir sont passés aux agriculteurs intensifs : les grandes oasis disposaient d'un poids démographique qui leur permettait d'avoir le leadership de l'Atacama. Une certaine hiérarchie sociale s'est donc greffée qui permettait le contrôle concomitant de l'irrigation et du caravaning et la protection militaire de populations vulnérables.

— la conquête inca marqua la cinquième période qui renforça le pouvoir politique central et la main-mise sur les différents sur-produits. Le réseau inca, tout en se calquant sur les dominations politiques antérieures, eut pour objectif de faciliter le départ de ce sur-produit vers Cuzco et le contrôler du travail aux mines. Peine-Viejo était le centre administratif dominant de la colonisation incaïque.

Le sixième épisode est l'invasion espagnole, en rupture complète avec cette longue histoire endogène millénaire.

Figure 7

Episode 3 : Détail de l'habitation (formation avancée)
Tulán

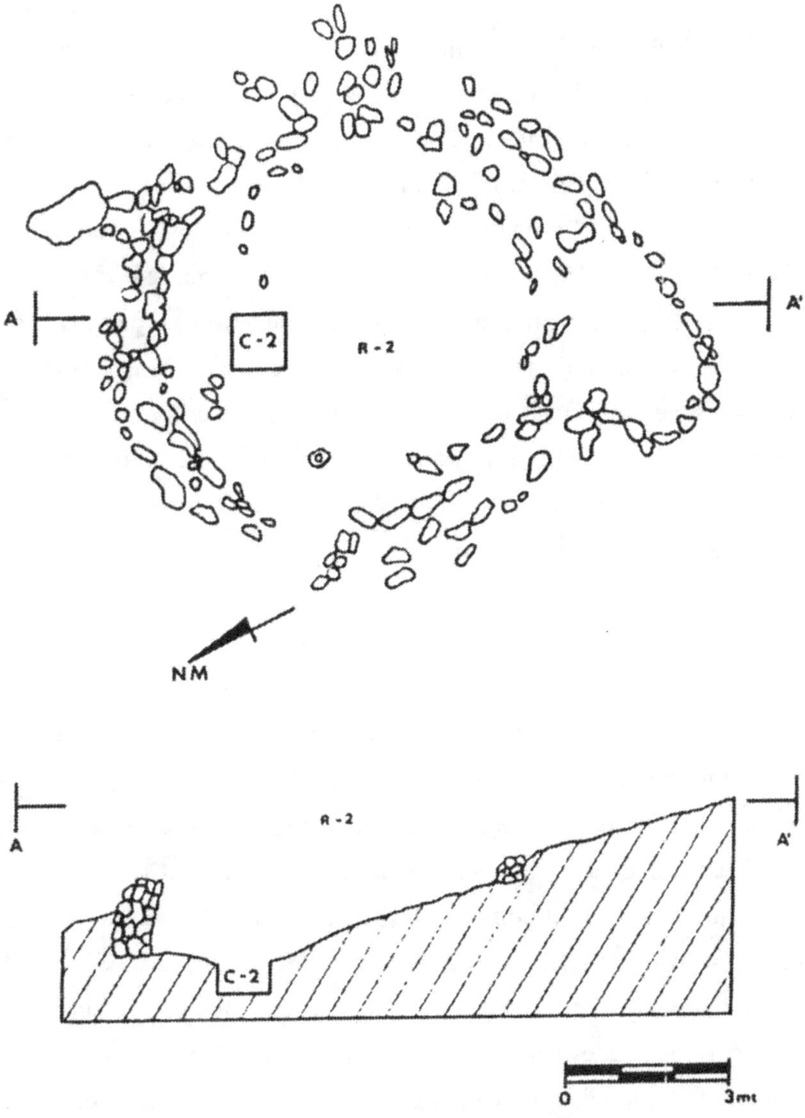

De l'invasion espagnole à nos jours : L'histoire moderne vue de la Quebrada de Tulán

La domination coloniale est généralement divisée en deux. L'occupation de type ancien (XVI ème siècle) voit l'introduction des plantes européennes et asiatiques, du bétail européen, l'évangélisation prenant en charge la cohérence idéologique de la domination. La seconde période est celle des XVII ème et XVIII ème : on appliqua à l'Atacama les règles administratives et urbaines de la colonisation espagnole. '*Pueblos de Indios*', regroupements obligatoires, dont Peine Nuevo est le résultat. L'ensemble des plantes ultra-marines est importé et acclimaté aux conditions locales : blé, luzerne, vigne, arbres fruitiers... La transhumance des ovins prend la place de celle des lamas.

Les occupations républicaines qui suivirent au XIX ème virent un renouveau des occupations territoriales et l'affermissement de la propriété privée. Une occupation proprement locale de l'espace, fondant en une seule unité les modèles indigènes et importés et favorisant l'habitat dispersé, se fit jour. Se posait alors le principe de double habitations selon la saison et les potentialités variées des zones. Au XX ème siècle ce modèle continua : transhumance saisonnières, cultures d'irrigation... une situation pré-colombienne typique. Les troupeaux de lamas errent sans gardien dans les pâturages et se réfugient la nuit dans les endroits abrités du vent. La chasse, interdite désormais, n'a plus l'importance qu'elle avait. Son interdiction a provoqué l'abandon de zones écologiques favorables comme celles du district de Meniques par exemple...

Telle est l'histoire que nous pouvons lire à partir de l'étude détaillée du transect de la Quebrada de Tulán (fig. 5 & 6 *supra*). Certes, cette histoire est plus riche que celle que nous avons ici esquissée à grands traits mais elle montre combien les Atacameños montrèrent de souplesse dans leur appréhension des réalités géographiques et historiques qu'ils rencontrèrent.

Figure 8

VILLAGE DE PASTEURS-AGRICULTEURS, PÉRIODE FORMATIVE AVANCÉE DU VILLAGE DE TILOMONTE (360 ANS d.C.).

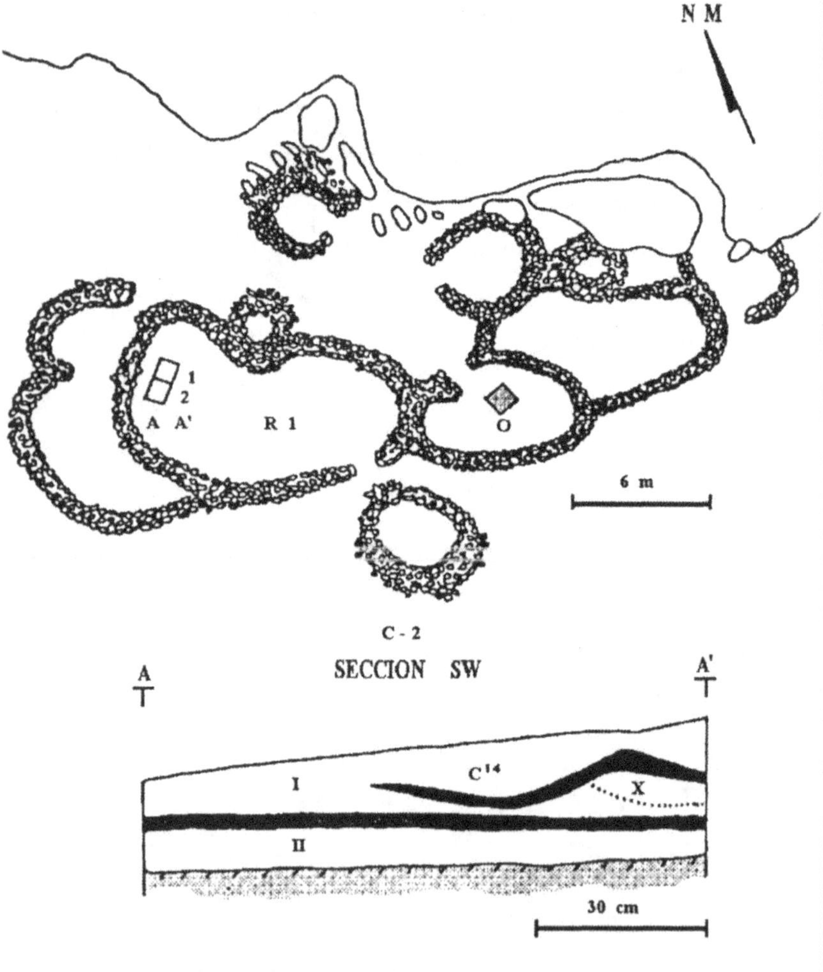

LEGENDE

I : SABLE AVEC PEU DE DÉBRIS
II : IDEM SOUS COUCHE DE FOYERS
X : DÉPÔTS DE CROTTES DE LAMAS
R 1 : ENCEINTE AVEC DÉBRIS
O : FOSSE D'INSPECTION DES STRATES

Selon L. Nuñez

Conditions géographiques propres aux oasis

Les communautés rurales atacameñas se sont installées en fonction des conditions d'accès à l'eau et de cultures irriguées dans deux zones :

- le désert marginal d'altitude, jusqu'à 4000 mètres ;
- dans les hauteurs andines, altiplano andin et puna.

La zonation géographique de l'Atacama

La puna (sommeil en quechua) est une steppe herbeuse d'altitude comprise entre 3 800 et 4 800 m. Elle se caractérise par un froid quasi permanent, de grands écarts thermiques, des gelées fréquentes, une grande sécheresse et des pluies de saison chaude. Au Chili, la puna est très pauvre et couverte de ligneux et résineux. Sa productivité de pâturage est faible : un mouton pour 5 à 10 ha.

L'altiplano est un ensemble de plaines de haute altitude, entre 3 600 et 4 800 mètres. Coupé de chaînons montagneux, il forme des bassins endoréïques et ses sols sont détritiques ou alluvionnaires. Le froid, la salinité des sols, le vent et la sécheresse les caractérisent. Elles ont été l'habitat privilégié des cultures andines.

Le désert lui-même se caractérise par une température moyenne de 11,3° C. (18,7° au plus chaud en janvier-février, 4,0° au plus froid en juin). La température absolue la plus basse en hiver est de -10°. Les gelées sont quasi-permanentes : elles frappent de sept et demi à dix mois et demi. Elles sont un des limitants les plus importants aux potentialités agricoles de la zone, surtout qu'elles se produisent fréquemment lors des mois où croissent les plantes : avril à septembre et jusqu'en novembre, obligeant alors l'agriculteur à de nouveaux semis.

Les radiations solaires sont permanentes, des plus fortes du monde, et se situent surtout dans la gamme des ultraviolets. Quant à l'humidité, elle est toujours faible et l'évaporation est forte, autour de 7 mm/jour. Les pluies sont rares, 35 mm/an a été en moyenne enregistrée à San Pedro de Atacama ces dix dernières années. Il pleut plus avec l'altitude (ou bien faut-il dire, qu'avec l'altitude, l'aridité diminue ?), mais on n'a pas les glaciers que l'on pourrait s'attendre à trouver. Les précipitations restent donc une rareté dans les hautes montagnes.

Malgré les conditions géographiques générales, on estime à 15 000 ha la superficie des terres arables, mais à cause du manque d'eau et de la salinité de celle qui existe, il reste seulement 3 000 ha potentiels pour la culture.

Les sols

San Pedro de Atacama possède des sols détritiques alluvionnaires, avec une érosion éolienne modérée. La pente est faible (≤ 2 %) et le drainage intérieur n'est pas excellent à cause de la perméabilité, le drainage extérieur est bon quant à lui. Le draînage est meilleur quand les sols sont d'origine lacustre et par ce fait profonds et de structure plus diversifiée. Les sols de Toconao sont quant à eux d'origine éolienne et ceux de Socaire d'origine fluviale avec de fortes pentes. Mais l'étonnement est de constater que, très souvent, les sols cultivés sont des sols d'origine anthropique. Rapportés, entretenus et enrichis par l'homme, ils dépendent de lui pour conserver leur fertilité. Par lavage patient, et manuel, au fil des siècles, l'homme a aussi amélioré certains sols, à l'origine salés, comme que l'on trouve à Turi.

Le réseau hydrographique

Captées en altitude, les eaux sont de bonne qualité pour la consommation humaine. Peu salées, elles sont drainées assez loin jusqu'aux villes côtières et aux agglomérations de mineurs de cuivre tout en ravitaillant les communes de la région de l'Atacama. Calama, Antofagasta, Tocopilla, Chuquicamata dépendent de ces prises d'eau. Du sous-sol on tire l'eau pour les usines de salpêtre de María Elena et Pedro de Valdivia.

C'est le bassin du Loa qui est le plus exploité pour tous les usages, où prédominent les besoins des villes et des mines. Les eaux disponibles pour l'agriculture diminuent en quantité et en qualité, et donc, même en ayant une moindre surface à dessaler avec l'abandon de certaines terres, les eaux elles-mêmes présentent des concentration de sels en constante augmentation. Par ce processus, le fleuve se salinise en aval. De toutes les façons, si encore 46 % des eaux du bassin du Loa sont consacrées à l'agriculture, les communautés atacameñas n'en disposent que de 9 % (des 273 l/sec. du total). Fortement mis à contribution, le réseau hydrographique va être encore plus utilisé à l'avenir car l'exploitation va s'accélérer : il est désormais prévu d'extraire l'eau d'Ojo de Putana, affluent du San Pedro, et celles du Zupaleri.

Le Salar d'Atacama, où se rejoignent les eaux superficielles (descendues des montagnes) et profondes (qui sourdent à flanc des masses détritiques), retient dans son sous-sol d'énormes quantités d'eau fossile. Cette eau fossile est exploitée à un très niveau. Est-elle surexploitée ? On n'en sait rien sur le plan scientifique. Ce que l'on peut dire c'est que ce qui est extrait annuellement du sous-sol représente 40 ans de recharge pluviale. L'exploitation des nappes phréatiques a naturellement tari les nappes les plus superficielles et de grands espaces herbeux, permanents ou temporaires, ainsi que des zones marécageuses ont disparu. Ces mêmes prairies (*vegas*), dont un voyageur du XVIII ème louait l'abondance et s'en félicitait pour leurs capacités à permettre un trafic régulier de caravanes, disparaissent elles aussi, elles qui alimentaient de grands troupeaux et permirent l'embouche des bovins argentins revendus aux mineurs.

Le San Pedro coule, après avoir recueilli les eaux de plusieurs sous-bassins, dans une gorge étroite sur 80 km. Quelques biefs de quelque largeur cassent le rythme et permettent des cultures sur de petits espaces comme Machuca, Río Grande, Cuchabrachi (où est prise l'eau d'irrigation de San Pedro de Atacama) Quitor... En s'infiltrant, les eaux se salent en certains endroits, perdant de leur qualité originelle, principalement dans les 7 km de San Bartolo.

Parmi les ressources qui alimentent l'oasis de San Pedro, on peut signaler le Vilama, d'origine thermale, qui reçoit également des affluents d'altitude et fournit San Pedro de Atacama en eau potable. Au sud du salar, des torrents plus ou moins abondants d'origine pluviale essentiellement, alimentent les oasis de Toconao, Talabre, Camar, Socaire et Peine, qui reçoivent d'autres sources.

Finalement, la dépression de San Pedro reçoit 2,432 l/sec., dont 2,383 l/sec. irriguent 2 144 ha. Mais ceci n'est qu'une moyenne et les données fournies par les mesures présentent parfois des fourchettes importantes : le San Pedro seul est évalué entre 679 et 900 l/sec., le Vilama de 213 à 230, le Río Grande de 600 à 780.

D'où vient l'eau des sources ?

D'où vient l'eau alors ? Ce n'est pas du ciel qui surplombe les oasis, de cela on est certain. Alors, provient-elle du ciel argentin et arrive-t-elle par une longue et souterraine infiltration au Chili acatameño, ou bien est-elle un héritage d'un passé millénaire, d'un passé avant même que l'humanité n'approche de ces montagnes, de l'eau fossile ? Donc, si l'eau ne vient pas du ciel, car même à l'altitude où devraient exister des glaciers nous n'en trouvons point, d'où vient-elle, cette eau qui court dans les montagnes jusqu'aux oasis et à la mer ? Un détours par les connaissances accumulées par les géo-sciences va nous permettre de l'entendre.

La tectonique des plaques explique la forte activité sismique et le volcanisme actif de la région par la rencontre de la plaque océanique Nazca avec le continent sud-américain. La majorité des roches est intrusive mais, avec le quaternaire, des plaines alluviales ont pu se former avec des dépôts alluviaux et lacustres, parfois fortement salinisés, que des mouvements tectoniques ont, de nouveau, bouleversés. Ainsi la Vallée de la Luna (bien nommée avec son paysage justement lunaire) présente aujourd'hui verticalement ses couches de sels, d'horizontales qu'elles furent lors de leur dépôt.

La morphologie structurale de la région est orientée nord-sud. On la divise en six compartiments (fig. 6) :

- cordillère côtière ;
- dépression intermédiaire ;
- cordillère de Domeyko
- bassins internes
- cordillère des Andes
- altiplano ou puna

On s'est très vite aperçu que les écoulements d'eau dépassaient ce que les pluies tombant sur la région (35 mm/an en moyenne) permettraient de prévoir (Boric et al, 1990). Même en ajoutant les précipitations dues à la nébulosité nous restons dans des fourchettes d'estimation largement inférieures. La réponse est donc que les écoulements de la région proviennent soit d'eau fossiles, soit d'eau provenant de l'autre côté de la cordillère des Andes.

Reste à savoir comment, dans les deux cas, qui peuvent jouer en même temps d'ailleurs, cette eau sort de ce côté est de la cordillère. Surtout que l'évapotranspiration d'un pays désertique et venteux, soumis à une des plus fortes luminosité mesurées sur le globe terrestre, accélère la déperdition de l'eau tombée. Nous savons par ailleurs que cette sécheresse a plusieurs millénaires derrière elle. Elle n'est pas née d'hier, elle a débuté au miocène. Que ce soit de l'eau fossile ou de l'eau provenant de l'autre flanc de la cordillère, il n'en reste pas moins qu'elle doit migrer par des failles souterraines sur de longues distances avant de déboucher à l'air libre, et le temps de migration doit être si long que l'on peut aussi se dire que c'est de l'eau fossile « argentine ».

Dans une région agitée de mouvements tectoniques comme les Andes, à la merci du réveil de volcans jamais parfaitement éteints (à l'échelle historique de l'homme s'entend), les écoulements peuvent être aléatoires, ce qui paraît avoir été le cas de Topain, cité disparue probablement à la faveur d'une faille qui a joué 'dans le mauvais sens' pour cette communauté précolombienne qui dût abandonner ses terres, ses canaux d'irrigation, et le village. On voit toujours les terrasses et les murs des habitations, les canaux et tout le tracé qui apportait l'eau d'un piémont aujourd'hui parfaitement sec.

Dans une étude particulière effectuée sur le Río Salado dont le bassin versant est de 784 km² à 3100 mètres d'altitude, entre 1975 et 1990, on obtient en moyenne 134 mm de précipitations (avec des variations de 294 comme maximum à 41 comme minimum). Cette étude montre que si l'écoulement moyen est de 52 %, les écoulements annuels sont eux constants en chiffres absolus (autour de 55 mm), ce qui confirme l'évidence des eaux d'origine très ancienne. Ce n'est donc pas les pluies qui sont à l'origine des écoulements du Río Salado, c'est de l'eau fossile. Cette évidence est renforcée par les analyses isotopiques : l'eau de rivière a au moins cinquante ans d'âge.

Comme les eaux souterraines ne sont pas rechargées par les pluies, reste à savoir précisément d'où elles proviennent. Nous ne pouvons apporter d'informations déterminantes car les données collectées par les recherches menées par les compagnies minières restent confidentielles et nous ne pouvons dire si les eaux sont fossiles ou si elles proviennent de la partie orientale des Andes. Il se peut que des masses détritiques coincées entre des massifs intrusifs existent, constituant d'énormes réservoirs d'eau, mais nous l'ignorons. De la réalité profonde nous ne connaissons que des manifestations superficielles. On pourrait l'espérer, compte tenu de l'alternance depuis le tertiaire moyen de phases volcaniques et de glaciations, espoirs que permettent certains indices (flux boueux, hétérogénéité des dépôts, sursaturations en sels...) si tel était le cas, on aurait alors des systèmes hydro-géologiques qui contiendraient des poches d'eaux. Jusqu'à l'holocène inférieur (de dix à sept mille ans), existaient dans cette région du monde de plus fortes pluies (3 à 400 mm par an, ou plus) et des températures supérieures aux moyennes actuelles. Mais depuis 3 000 ans, le climat s'est asséché et refroidi, alors que l'homme la colonisait...

Il nous reste finalement à émettre trois hypothèses :

1— est-ce qu'une mauvaise évaluation des précipitations expliquerait l'existence d'une recharge des nappes phréatiques par migration de l'eau provenant des précipitations neigeuses d'altitude le long des failles souterraines et des fractures de la structure morphologique ? Le stock d'eau serait ainsi notablement rechargé par une eau annuelle dont le débit serait régularisé par les retenues souterraines ;

2— est-ce que les bassins hydrogéologiques souterrains ne coïncideraient pas du tout avec les lignes apparentes de partage des eaux ? Dans ce cas, les nappes souterraines bénéficieraient d'eaux provenant du versant oriental des Andes. Cette hypothèse est prouvée en quelques cas, mais certains autres paraissent échapper à ce modèle ;

3— le réseau hydrographique s'expliquerait-il enfin par la migration lente et souterraine de réserves aquifères à travers failles et fissures des roches volcaniques et serait-il alors pratiquement déconnecté des précipitations ?

Les trois facteurs doivent jouer, mais en quelles proportions ? La réponse ne nous appartient pas. Retenons seulement que le temps et l'espace se mêlent pour compliquer le schéma : les eaux qui coulent ici et maintenant ne sont ni du lieu ni de l'année, ou d'ici et d'ailleurs, d'aujourd'hui et d'hier...

Figure 9

VILLAGE DE PASTEURS-AGRICULTEURS, PÉRIODE FORMATIVE AVANCÉE DU BAS-FOND DE TILOCALAR (340 ANS A. C.)

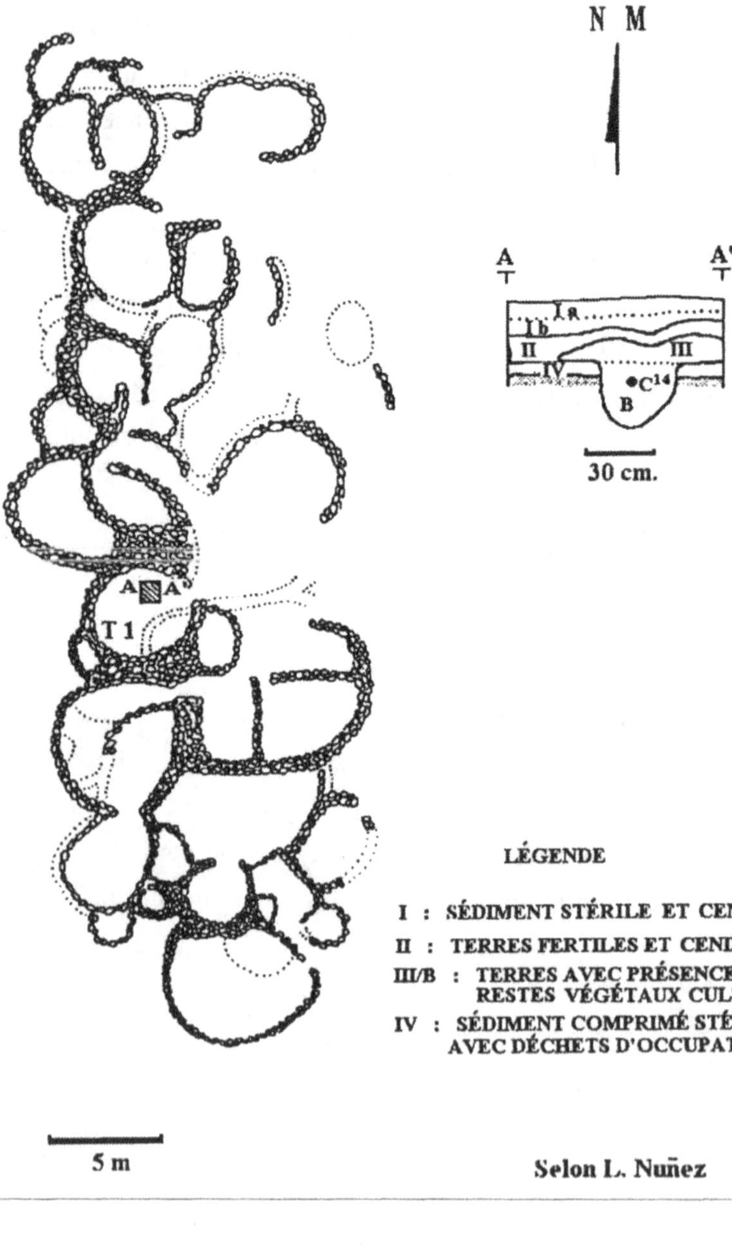

LÉGENDE

I : SÉDIMENT STÉRILE ET CENDRES

II : TERRES FERTILES ET CENDRES

III/B : TERRES AVEC PRÉSENCE RESTES VÉGÉTAUX CULTIVÉS

IV : SÉDIMENT COMPRIMÉ STÉRILE AVEC DÉCHETS D'OCCUPATION

Selon L. Nuñez

La société atacameña

La société atacameña est une société essentiellement paysanne. Elle se prolonge par une partie externe : ses émigrés qui composent la diaspora atacameña, travailleurs des mines et des ports. Le projet UCN-ORSTOM visait directement l'évaluation de sociétés paysannes face aux déficits en eau et n'a pas étudié cette diaspora. Disons que si l'on prend globalement la société atacameña, composée autant de la population des oasis que de celle de la diaspora, on retrouve aujourd'hui dans la société la caractéristique de sa géographie : c'est une société éparpillée, réticulaire, dont l'espace est un peu plus global qu'il ne l'est pour les seules oasis d'origine. Le poids de cette diaspora doit être très important ; elle a dû réguler la croissance de la population, aujourd'hui par l'émigration, hier avec d'autres mécanismes démographiques sur lesquels les données manquent au stade actuel mais où les « sorties du système » des hommes par accident (chasse, caravaning, guerres, émigration définitive aux points d'étapes) ont dû jouer un rôle important. Il faudrait du coup pouvoir en déduire ce qui se passait pour la partie féminine de la population (l'équilibre entre sexes était-il atteint par cette diminution drastique du nombre des hommes, ceux-ci étant exposés à de plus grands risques ?) [7].

---

[7] Il semble qu'il existait, et qu'il existe encore, des risques par empoisonnements par arsenic, à la suite de l'absorption de racines. Ce type de mortalité ne devait pas affecter la population mais seulement l'espérance de vie. La consanguinité, qui devait être forte si les

Même quand son commerce régional (donc international pour elle) était florissant, cette société a toujours eu pour ressort essentiel l'agro-pastoralisme. Quoiqu'une partie de la population se consacrât au caravaning, le fonds culturel restait rural. L'hégémonie culturelle était assurée dans la société atacameña par une conception du monde de type agraire. Ne nous illusionnons pas sur un quelconque état d'égalité totale de la société atacameña : les marchands et caravaniers ont toujours eu le contrôle de la société, et il y a toujours des pauvres et des moins pauvres (on ne peut guère dire qu'il y eût des riches) et une certaine inégalité interne. La solidarité collective, malgré ces inégalités, freinait les conséquences vers l'exclusion [8].

Le commerce était lui absolument nécessaire à la survie de cette société atacameña pour trois raisons :

— culturellement, vu le long passé nomade de cette société ;

— géographiquement, vu la variété de l'espace avec de multiples niches écologiques devant être exploitées différemment et qui chacune ne donnait qu'un petit temps de garanties alimentaires dans l'année ;

— et enfin économiquement puisque les oasis étaient complémentaires et que pratiquement aucune d'entre elles ne pouvait être autarcique, sauf à régresser sur tous les plans (économique,

---

hypothèses réalisées sur l'évaluation de la population sont exactes, devait par contre affecter fortement la fécondité des couples.

[8] Ces inégalités devaient aussi servir de moteur pour alimenter en vocations individuelles obligatoires le goût de l'aventure que nécessitaient les expéditions lointaines.

démographique [9] et culturel). Cette société avait un point de vue global de sa survie à un degré que nous ne connaissons pas mais que rend évident leur réussite : le commerce interoasis était une nécessité pour une société qui avait bien conscience que si la zone qu'elle exploitait permettait l'autarcie, aucune des cités la composant ne bénéficiait de cette capacité pour sa survie.

Au milieu du siècle dernier, cette société est passée de la propriété collective à la propriété privée. Notons qu'en même temps, et sans qu'on puisse relever une relation de cause à effet, la population atacameña a perdu sa langue, le kunza, pour adopter l'espagnol. La concomitance des deux faits doit être signalée malgré tout car ce sont deux signes d'autres changements. On aurait 'mieux compris' (aveuglé par l'évidence, on se serait mépris) que cet abandon du kunza se soit produit lors de l'épisode du salpêtre, ou du cuivre, car alors on aurait facilement pensé à une liaison directe. Car dans les sciences sociales, on aime bien quand la superstructure des sociétés s'adapte à son infrastructure économique ou ambientale, c'est toujours l'explication confortable (Lacombe, 1999 b). Mais le fait est que ce changement linguistique est un des signes de la structure mentale des Atacameños : une capacité incroyable d'adaptation, reflet d'une solidité interne qui leur a permis de survivre et leur permet de gérer collectivement leur diaspora à partir de leurs oasis, lieux de retrouvailles et creuset de leur identité.

---

[9] Maintenir constante une faible masse de population est un équilibre précaire pour de petites communautés (humaines, animales ou végétales). Le moindre accident externe, récolte, épidémie..., ou interne (dérive génétique) peut provoquer un effondrement irréversible.

Dans ce contexte culturel, l'émigration de travail a eu pour conséquence de centrer les acteurs restants dans les oasis vers le maintien de la possession de la terre et non pas vers l'augmentation d'une productivité ou d'une production en valeur absolue. Les paysans n'ont pas eu besoin d'affiner ou d'adapter leurs méthodes culturales. Ils gèrent actuellement les terres comme ils les ont toujours gérées, avec les mêmes techniques, selon les mêmes procédures, quand bien même ces techniques et ces procédures s'essoufflent, comme on peut le voir pour la récolte sans soins de la luzerne ou la difficulté à remplacer les actuels responsables des systèmes de répartition de l'eau.

La privatisation des terres a autorisé des pratiques qui ont aggravé les inégalités sociales en délégitimant les solidarités. La tenure précaire s'est généralisée et le travail salarié a pu émerger comme catégorie socio-économique. L'exploitation capitalistique s'est ainsi installée dans l'Atacama mais ce fut plutôt sa conception rentière que sa conception capitaliste pure qui a prévalu. La maximisation purement financière de la spéculation l'a emporté sur la maximisation du profit par l'investissement, solution qui aurait enrichi l'ensemble. Même si, en termes relatifs, les pauvres restent pauvres, il est différent d'être pauvre dans une société riche, et parfois préférable sur le plan matériel, qu'être aisé dans une société pauvre. Au point de vue des écarts riches/pauvres cela ne change rien, mais dans l'absolu, oui.[10]

---

[10] Voir Sahlins, 1976, Lacombe, 1999 b : tome 2, chap. 6, III° partie.

L'irrigation, ses techniques et ses règles

L'irrigation se fait par gravité : on inonde les champs et on passe l'eau au secteur suivant. Il faut en moyenne deux heures pour inonder un champ. Dans les mois d'hiver, à San Pedro de Atacama, la culture se limite essentiellement au blé car les autres plantes gèlent, mis à part l'ail et quelques piments.

En hiver donc, l'eau abonde et on la laisse divaguer vers le sud inonder les marais et remplir le salar lui-même. Dès que les chaleurs arrivent, l'eau ne tarde pas à manquer et un système rigoureux de 'tours' est installé. Chaque oasis vivant sur ses propres ressources, les tours sont de périodicité très variable selon la disponibilité. Ils vont de 15 jours à Peine à 32 à Toconao. À San Pedro de Atacama il est de 23 jours, mais d'ayllo à ayllo la période est très variable : 17 jours à Coyo et Sequitor, 30 à Solcor..., cette variabilité est le reflet des disponibilités en eau croisées avec les disponibilités en terres.

Les productions cultivées sont celles héritées de la culture précolombienne : maïs [11], pomme de terre, quinoa, arboriculture indigène (chañares et algorrobos), et animaux américains (lamas, cochons d'Inde, - alpaga n'existe pas dans la zone-), d'outre-mer (Europe et Asie) : blé, luzerne, fruits et légumes, ânes, bovins, chèvres et moutons. L'Atacameño

[11] Le maïs est originaire de Méso-Amérique, Mexique actuel, et est venu avec les migrations Nord-sud qui ont peuplé le continent américain.

cultive - pratique fréquente dans le monde - un stock de plantes international avec des techniques restées très traditionnelles (les semences comportent une mesure de grains pour neuf de sable). Par ailleurs, malgré l'assaut de la modernisation, malgré l'émigration et le salariat, malgré la modernisation du réseau d'irrigation, la population a conservé une solidarité familiale forte et une active coopération communautaire (*ayni*).

L'ayllo, qui vient d'un héritage ancestral d'organisation, est encore vivace ; il a permis la survie d'une agriculture qui tient essentiellement du jardinage : certaines parcelles de terre sont entièrement rapportées, le sol étant totalement fabriqué par l'homme. L'autoconsommation reste l'orientation principale de l'agriculture atacameña. Pourtant elle est également orientée vers le marché.

La pratique du commerce à distance est bien installée, ce qui n'a rien pour étonner compte tenu du fait que le pays atacameño a toujours été un pays où ont circulé hommes, produits et idées ; c'est un pays qui n'a été possible que parce qu'il s'est fondé sur l'échange et l'exploitation de niches et potentialités écologiques différentes et parce qu'il s'est toujours placé en relation avec les régions environnantes.

Cela explique que les ayllos ne se concurrencent pas. Si l'un réussit dans une production agricole ou pastorale, il ne sera pas imité par d'autres dans une optique de rentabilité à courte vue et de compétition économiquement déplorable. Cette manière de faire est le produit d'une longue histoire qui les a fait consciemment complémentaires et non pas concurrents. Cette civilisation suit depuis trente siècles une voie de survie collective qui suppose la coopération et la complémentarité. Ainsi Toconao est orienté vers la production de fruits, San Pedro de Atacama vers la luzerne, Lazana et Chiu Chiu vers les légumes. Río Grande produit de l'ail, Caspana des produits frais (fruits et légumes) pour le marché urbain proche... Pourtant ces cultures, en ce qui concerne surtout San Pedro de Atacama mais aussi d'autres oasis situées sous les vents venant des mines d'extraction du cuivre, souffrent de la pollution aérienne.

Il a été effectué dans le cadre du projet UCN-ORSTOM, à l'étude de la pollution aérienne. On a procédé à l'analyse des échantillons recueillis au Pukara de San Pedro de Atacama : les petites taches jaunes-orangées que l'on trouve dans la nature sont bien d'origine anthropique. Elles sont les résidus recrachés par les hautes cheminées de Chuquimata lors des opérations de raffinage du cuivre[12]. Les arbres semblent atteints par cette contamination, mais est-ce que leur âge moyen élevé n'expliquerait pas également leur faiblesse à l'agression industrielle ?

Les méthodes de travail

Les méthodes de travail ne se sont pas adaptées aux nouvelles cultures : à San Pedro de Atacama, la variété locale de luzerne exploitée vient du Pérou-Equateur, c'est l'*alta sierra*. L'herbe n'est pas irriguée correctement et on la coupe sans tenir compte de la période où elle est la plus nutritive.

[12] Observation communiquée par le Laboratoire INRA de sciences du sols d'Ardon, analyse et conclusions réalisées Mathieu Lamotte, pédologue IRD-ORSTOM.

D'autre part, les rotations ne sont pas observées, on peut exploiter une prairie pendant cinq ans de suite jusqu'à épuisement. En fait, tout le soin va au maïs, des variétés *marocho* et *capia*, dont le cycle végétatif est de 185 jours. La forte émigration a dégradé l'arboriculture de San Pedro de Atacama où la production est essentiellement faite de poires, coings, figues et grenades, en plus des fruits des deux arbres locaux les plus utiles, le *chañar* et l'*algorrobo*. Chaque agriculteur en possède 26 fruitiers en moyenne.

Le troupeau

Les prairies naturelles ont diminué en superficie avec l'exploitation effrénée des eaux superficielles et souterraines, et l'animal domestique indigène par excellence, le lama, camélidé bien adapté aux conditions locales, a été remplacé par des troupeaux d'ovins et caprins (et ceux-ci tendent à supplanter ceux-là compte tenu de la désertification accélérée de ces dernières années). Les vaches restent rares et cantonnées à San Pedro de Atacama. Quant aux ânes (et mulets) leur apport est essentiellement énergétique. À San Pedro de Atacama, nombreuses sont les familles qui disposent d'une charrette. De toute façon, tout le troupeau des oasis dépend des cultures et du produit du travail agricole : fourrage des feuilles des arbres, des foins et pailles - maïs, blé -, grains. Cet apport est essentiel à la survie du troupeau. En plus du travail (labours avec ânes et mulets) et du transport (charrette et transport à dos de lama), ce troupeau permet l'entretien de la fertilisation des terres. L'agro-pastoralisme, vieille tradition du pays, reste une unité insécable :

agriculture et élevage sont l'un à l'autre nécessaires quoique insuffisants chacun.

Si l'on prend le décompte des têtes de bétail, on voit qu'à Socaire 10 % du troupeau est composé de lamas, et 58 % de moutons, les chèvres sont 27 % et les chevaux composent le reste. Les porcs sont en nombre insignifiant. Pour l'ensemble des communautés rurales de l'Atacama, voici la répartition des têtes de bétail :

Tableau 1 : **Répartition des têtes de bétail** (ensemble des communautés rurales de l'Atacama)

ovins	caprins	porcins	bovins	mules
16 748	6 297	610	119	919
56,2	21,1	2,1	0,4	3,1

chevaux	ânes	lamas	total
106	745	5 242	29 790
0,4	2,5	17,6	100,0

NOTE : signalons que 115 bovins sont de San Pedro de Atacama.

Avant le chemin de fer, la luzerne et les autres produits de l'agriculture étaient exclusivement destinés à l'embouche des bovins argentins à destination des villes de mineurs et des ports du Pacifique, le troupeau local vivait dans la nature avec un faible apport des cultures. Aujourd'hui, sans que l'on puisse dire, bien au contraire, que ce troupeau ait augmenté, il lui est impossible de vivre sur les seules ressources des prairies et pâturages naturels.

Les terres

Au XIX ème siècle, avec l'abandon de la langue kunza, est apparue l'appropriation privée des terres de culture. Et s'introduisirent donc le salariat et toutes les formes de tenures intermédiaires des terres (médiations par échanges de biens, d'avantages ou d'argent entre le possédant et celui qui travaille la terre).

La propriété directe de la terre est de 56 %. Les 44 % restants des terrains de culture sont travaillées selon divers schémas (terres en déshérence exploitée par le voisin, terres louées, terres prêtées contre entretien, louées contre argent, affermées...) et rémunérées selon divers modes (le quart de ces terres-là sont rémunérées en monnaie). La complexité des situations concrètes est à la mesure de l'intimité des solidarités et de la subtilité des relations interpersonnelles.

Dans un tel système, le demandeur est toujours en position de faiblesse : la rareté des terres pénalise le paysan, celle de main-d'œuvre le propriétaire (qui veut toujours figurer dans les 'tours' d'eau, fût-ce sans gain financier réel). La confiance interpersonnelle est manifestement le ciment de tout accord. La diaspora atacameña prend soin du pays d'origine dans lequel elle investit en ayant le projet d'y retourner à la fin de la vie active dans les mines ou les villes[13]. Le tiers des terres

[13] On peut revenir ici sur une des contraintes assumées par l'équipe UCN-ORSTOM : il n'y a pas eu d'étude sur la diaspora dont l'apport économique apparaît, l'étude finie, si importante et même essentielle pour la compréhension de la société atacameña. Cette question de la rente extérieure est un des grands débats économiques menés actuellement (Sid Ahmed, 1996).

(le reste se composant des tenures directes et des locations de type capitaliste) est donc dans un schéma de relation interpersonnelle dont les détails sont multiples et dont la complication est le signe de la subtilité paysanne comme de la multiplicité des situations individuelles et des stratégies qu'elles impliquent. C'est certes compliqué mais cela convient aux contractants qui activent à travers ces accords objectifs des rapports de solidarité qui les dépassent et transcendent les générations. Ces arrangements de gré à gré présentent une cohérence certaine avec une tradition utilisant de nombreuses sources de revenus pour assurer la survie : cette multiplicité a été appréhendée par cette recherche collective pour trois grandes unités géographiques (oasis).

Tableau 2 : **1994 : Origine des ressources internes** (en mille pesos chiliens, *le salaire minimum chilien est de 46 000 pesos chiliens (soit US $ 110 à la même date) de 1994)*

Oasis	Agro-Past ventes	Agro-Past Consom.	Agro-Past. Total	Autres revenus
San Pedro	295	396	691	461
Toconao	310	97	407	361
Socaire	231	207	438	202

total général	pourcent. sources externes	pourcent. Ressourc. monétaires
1152	40 %	66 %
768	47 %	87 %
1152	18 %	36 %

Les ventes sont essentiellement du fourrage à San Pedro de Atacama : 67 % des ventes en valeur. Toconao présente une grande diversité des revenus monétaires, manifestant par là une orientation globale de l'activité vers la recherche directe de ressources financières. Toutes les activités de Toconao sont tournées vers la recherche systématique de revenus et le principal apport monétaire de l'agriculture est l'arboriculture. Socaire s'est résolument tournée vers la production et la vente d'artisanat, tant pour la population de San Pedro de Atacama que pour les villes minières et les touristes.

Mais ces données ne reflètent pas la totalité de la réalité de la vie des oasis : 50 à 70 % des revenus est d'origine externe aux oasis. Toutes ces données confortent qu'il existe une certaine inégalité de revenus, quoique cette inégalité ne détruise pas l'image d'une communauté atacameña solidaire.

Pour cinq oasis, certaines données précises sont disponibles. On va voir combien les différences entre oasis sont importantes dans le tableau page suivante.

Tableau 3 : **Oasis, données comparatives**

Oasis	Ress. Hydro. *l/sec.*	Surf. Cult. *Ha*	Nombre de familles	Taille exploit. *ha*	Proprié-taires %
San Ped.	1100	1700	313	4.07	54
Toconao	71	92	109	1.23	71
Peine	90	28	55	.28	82
Río Gr.	750	1700	21	1.61	72
Talabre	25	15	12	.17	100
Camar	10	15	12	.66	80
Socaire	200	120	56	.45	81

NOTE : les trois premières oasis sont dites d'altitude, les quatre dernières sont dites de failles intermédiaires. (voir schéma de la figure n°6)

Figure 10

REFUGE EN CAVERNE ET DEBUT DE CONSTRUCTION SECTEUR DE TULAN 5270 ANS d. C.

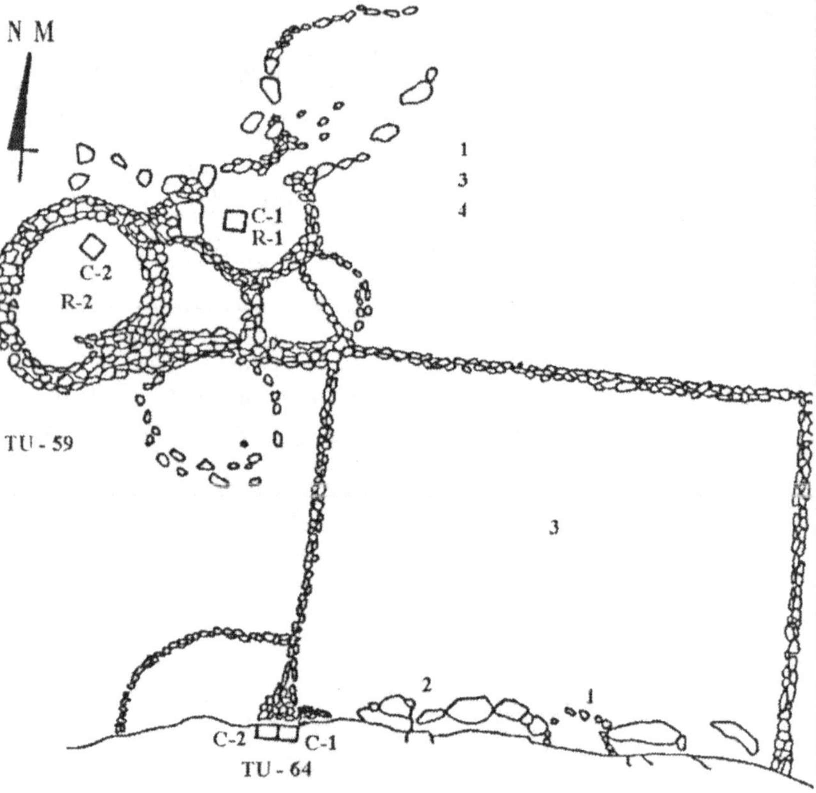

LÉGENDE

1 et 2 : Zones de pétrogliphes

3 : Enceinte du bétail, récente et réoccupée

4 : Limite du ravin de protection

Selon L. Nuñez

La stratification sociale des paysans des oasis

Malgré la pauvreté généralisée, on ne peut nier que des paysans soient moins pauvres que les autres, c'est-à-dire que dans la pauvreté, ou dans l'absence de richesse, une certaine inégalité existe malgré tout dans les oasis atacameñas. Il suffit de marcher dans les oasis et de regarder. Ceci n'implique dans ce texte aucune discussion sur la notion de 'bonheur'. Nous parlons seulement niveaux de revenus, et ceux-ci montrent qu'une stratification existe. Cependant, cette classification ne paraît pas structurée car une famille peut facilement glisser d'un statut de très pauvre à un statut nettement supérieur si l'un de ses membres trouve à l'extérieur un travail salarié et qu'il envoie de l'argent après son départ. La stratification est peut-être rigide et non pas fluide comme nous l'affirmons, mais pour une famille, la position est, quant à elle, labile. Le départ d'un fils pour une émigration et un travail à Chiquimata peut faire sauter de plusieurs tranches de revenus la situation économique de ceux qui sont restés au pays.

L'investigation a été réalisée pour trois oasis. Cette recherche particulière a classé les paysans selon un gradient de pauvreté. Nous avons déjà signalé qu'en moyenne les 2/3 environ des revenus provenaient de sources externes aux oasis et que cela impliquait des inégalités entre paysans, inégalités qui se manifestaient dans la diversité des ressources. Il est constaté que, plus on est pauvre, plus les sources de ressources sont 'extra-agro-pastorales'. Nous avons recalculé, d'après les données présentées, cet indice (qui, étant fondé sur la moyenne arithmétique, doit être pris comme une information et non pas comme une donnée) :

- les 2/3 des revenus des paysans très pauvres sont d'origine extérieure à l'agriculture ;
- le 1/3 des revenus des paysans pauvres est d'origine extérieure à l'agriculture ;
- le 1/5 des revenus des paysans 'moyens-pauvres' est d'origine extérieure à l'agriculture.

Comme d'autres études dans le monde l'ont montré, la pauvreté nourrit l'émigration.

Tableau 4 : **Stratification des paysans dans trois oasis**

Oasis\Stratif.	très pauvre	pauvre	moyen-pauvre	total
San Pedro	40	37	23	100
Toconao	80	7	13	100
Socaire	40	50	10	100
Total	49	32	19	100

NOTE : les paysans sont différenciés selon qu'ils ont 'plus' ou 'moins' ou 'équivalent' au salaire minimum chilien. Voir tableau 2.

De par sa position centrale 'capitaline', San Pedro de Atacama est l'oasis qui est la 'moins pauvre', c'est celle aussi où les lots irrigués ont la plus grande superficie (voir tableau 2 supra). La taille des familles d'exploitants est très variable : 3.1 à San Pedro de Atacama, 1.2 à Toconao, 2.1 à Socaire. Le rapport entre inactif et actif est très variable et respectivement de 28, 36 et 60 inactifs pour 100 actifs. Ceci marque à la fois le vieillissement de la population des oasis et le faible emploi de la population, reflet d'une agriculture fortement encadrée dans l'année par des limitants climatiques (gelées), par la faiblesse d'activités permanentes (baisse numérique du troupeau), et la qualité globale de 'rentiers' [14] d'une partie de cette population qui reste au pays pour garder vivant le cœur et le lieu d'origine d'une diaspora répartie un peu partout, tant au Chili qu'hors des frontières nationales - peut-être, et nous n'émettons là qu'une hypothèse, l'enquête n'ayant pas recherché, et on le comprend vu le sujet imposé, dans la direction des lieux d'émigration.

On comprend alors que la pauvreté en termes monétaires soit forte et que la différenciation sociale se fasse entre différents seuils de pauvreté quand on ne regarde que les

[14] Nous prenons le terme de *rente* au sens le plus scientifique du terme en économie. Un rentier est une personne qui tire tout ou totalité de son revenu de ressources d'un non-travail personnel. L'économie de rente pose des problèmes particuliers. Des pays entiers reposent aujourd'hui sur cette notion, voir les travaux de l'économiste Abdelkader Sid Ahmed (1996) : il peut s'agir de l'extraction du pétrole (pays arabes), de l'exploitation du tourisme (Espagne franquiste) ou d'une situation géopolitique (Corse, Monaco, paradis fiscaux du Pacifique), ou de l'émigration (Israël, Yémen du Sud), de la dilapidation de ressources naturelles (économies forestières) ou du capital accumulé (Grande Bretagne d'après-guerre), ou de l'exploitation coloniale (Espagne du siècle d'or, Turquie...)... On peut être un rentier pauvre et un travailleur riche, ou l'inverse. Toute la question est dans la destination, productive ou non, de cette rente.

oasis. La recherche effrénée de sources de revenus et de possibilités de mieux-être se lit dans le fait que l'enquête a enregistré jusqu'à huit source de revenus pour une même famille. Cela signe à la fois la pauvreté et les difficultés de vie d'une part, et l'ingéniosité des habitants restant dans les oasis d'autre part. Et l'on constate que cette stratégie diversifiée est le résultat, toujours, d'une longue tradition de survie communautaire.

Cependant, avant d'aborder ce chapitre de la diversité des exploitations des oasis comme stratégie de survie de la société actameña, nous voudrions faire une petite incise sur la divergence que les sociétés dites traditionnelles et la nôtre. Il ne faut jamais l'oublier quand on tente d'entendre la stratégie des groupes sociaux. Notre culture, capitaliste par essence, ne prend en compte que l'avoir qui détermine l'être : qui n'a rien n'est rien. Une société comme l'actameña, et encore aujourd'hui du point de vue extérieur qui est le nôtre, l'exclusion ne fonctionne pas sur le mode de l'avoir. Non-avoir n'est pas non-être : il n'y a pas entre ces deux sphères de relation univoque. Marx aurait pu dire que l'inégalité n'était économique qu'en dernière instance. On le voit bien chez Staden [1570] 1990, à propos du statut des prisonniers en attente d'être tués et mangés, et Lacombe (1999 a : 592 *et sq*) à propos des agressions en sorcellerie…

FIGURE 11 HAMEAU DE PASTEURS-AGRICULTEURS DE TULAN (30 ANS d.C.)

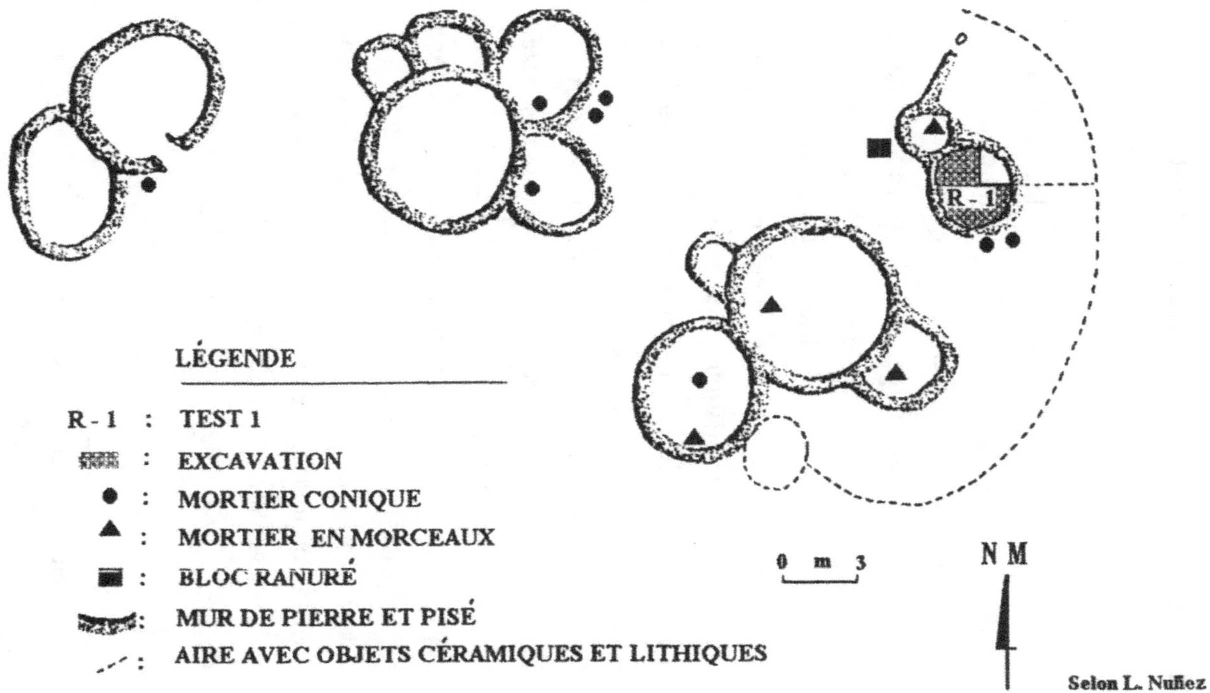

Selon L. Nuñez

La diversité comme stratégie de survie

La pauvreté des sols, la faiblesse des quantités de l'eau disponible, sa basse qualité pour l'agriculture, les rigueurs du climat... tout cela entraîne une faible qualité des productions, concurrencées sévèrement par l'ouverture actuelle du pays sur l'extérieur, par les routes et le chemin de fer et par le travail salarié dans les mines. Les oasis de l'Atacama sont, comme milieux agricoles, des milieux limites et donc fragiles. Elles présentent des caractéristiques écologiques d'îles : adaptation adéquate mais fragilité de par leur endémisme (tant des facteurs naturels que des facteurs humains) [15].

L'économie des oasis d'Atacama est soumise à des risques naturels très forts de par l'irrégularité des facteurs qui entraîne une imprévisibilité de l'avenir. Pour faire face à cette imprévisibilité, les acteurs économiques sont obligés de prévoir une large palette de réponses pour pallier aux déficits annuels qui frapperont l'une ou l'autre des productions (en année 'normale') ; ou toutes si les causes défavorables se conjuguent. Jouer sur une production à entrées multiples est à la fois la raison de la survie des Atacameños dans leurs oasis et une

[15] On trouvera dans les revues telles *La Recherche* de nombreux exemples d'oasis et îles, isolats affectés d'endémismes plus ou moins forts, signalons que les recherches convergentes portent tant sur les caveernes souterraines que les oasis des grandes profondeurs (F. Doumenge, 1991), sur les isolats que sur les oasis (Youssef Nacib, 1989).

faiblesse actuellement : en effet cela entraîne une mésadaptation à l'ouverture vécue sur les marchés.

L'agriculture n'est donc pas orientée vers la productivité mais vers la survie simple de l'activité agricole. La fragilité écologique a entraîné les habitants à faire face avec ingéniosité aux difficultés historiques et naturelles, mais il n'en reste pas moins que, globalement, le résultat maintient la population au seuil de la pauvreté. La capitalisation est nulle, la situation est d'autant plus défavorable que cette capitalisation ne peut se faire aujourd'hui qu'en termes monétaires.

On ne doit pas non plus se cacher que cette monétarisation entraîne une perte culturelle des Atacameños : les grandes capacités techniques de leurs ancêtres sont en voie de disparition. Les murs de *tapiales* qui sont des blocs de terre crues (des briques de 100 x 60 x 40 cm) se perdent, les techniques d'allongement des pièces de bois telle qu'on peut le voir pour la construction de l'église de San Pedro d'Atacama par raccordement des poutres l'une à l'autre sont oubliées. On n'en voit de construction récente qu'un exemplaire : comme portique d'une unique maison. De même, le quinoa, qui est une plante de la valeur nutritive du soja ou du pois chiche, paraît en voie d'abandon. Quant aux connaissances d'exploitation du milieu naturel hors oasis (lequel s'appauvrit semble-t-il) elles ne peuvent que se corrompre avec l'abandon du caravaning, de l'élevage extensif et de la chasse… et de l'usage des véhicules automobiles.

On peut s'inquiéter que la société atacameña ne finisse par disparaître, qui s'est fondée sur la culture irriguée, l'exploitation du milieu naturel et la communication internationale pour bâtir son économie et sa culture. Mais si celle-là, son économie, souffre, celle-ci perdure : la culture et une certaine conception du monde proprement autochtone survivent, fût-ce en espagnol, fût-ce idéologiquement construites.

Malgré l'abandon de sa langue, malgré la pauvreté ambiante, l'ethnie atacameña continue d'exister dans son être sinon dans sa réalité économique et géographique stricte. Des fêtes comme la San Guadalupe, en septembre à Ayquina, voient revenir tous les émigrés. Ce village, où ne demeurent que quelques bergers, est remarquable par le nombre de ses maisons et leur bon état. Quoique le village soit vide durant l'année, la fête votive est l'occasion du retour de la totalité de la diaspora qui continue à entretenir 'son' village. 9 500 personnes alors sont là avec leurs groupes de danseurs et de musiciens, comme s'ils demeuraient en permanence au village. On a là une des preuves de la vitalité communautaire des Atacameños et on y puise l'espérance de sa continuité dans le futur. De toute façon, le défi qui se pose à l'Atacama est celui qui se pose de par le monde à toutes les autres cultures confrontées, dans des conditions plus ou moins défavorables, à la mondialisation.

Quelle population pré-incaïque existait ici ?

Certains chercheurs, comme Patricio Núñez Henríquez (1993), se sont interrogés sur la taille de la population atacameña des temps pré-colombiens ou pré-incaïques (au cours des XV ème & XVI ème siècles). Se fondant sur les terres disponibles, ce chercheur arrive à 12 000 habitants sur les 9 500 hectares cultivés. Ce chiffre ne comporterait donc que la population agricole. Il nous semble que le résultat est inférieur à ce que l'on pourrait estimer. Certes, la disponibilité en surplus apparaît faible, car si la société atacameña n'a pas produit une masse architecturale imposante, en dehors de l'utilitaire (fortification, maisons, terrasses), masse de bâtiments en elle-même remarquable, c'est qu'elle ne devait pas disposer d'énormes surplus. La population totale avait donc un limitant très strict donné par les disponibilités agricoles.

Mais on peut penser que le commerce par caravanes, l'élevage extensif et les activités de collecte et de chasse devaient occuper une main-d'œuvre assez importante et fournir des ressources non négligeables permettant un surplus de population non directement agricultrice. Rappelons que le milieu naturel n'était pas dégradé par des entreprises de type colonial, minier ou industriel. Les pâturages naturels étaient plus nombreux et certains devaient servir de champs cultivés quand l'occasion s'en présentait ; la culture de la quinoa était plus intense... Toutes ces raisons plaident pour une plus forte production de l'agriculture atacameña des temps anciens.

Par ailleurs, il faudrait connaître la norme de consommation acceptée dans cette civilisation atacameña. Il nous paraît que les variations annuelles d'approvisionnement et l'aléatoire des ressources permettaient de longues plages de repos et donc des besoins énergétiques variables tout au long de l'année ; il pouvait exister des cycles annuels de semi-famines et sous-travail et un équilibre très intelligent de maximisation de la population compte tenu des ressources alimentaires et des besoins en travail et des potentialité du semi-nomadisme d'une certaine partie de la population.

Le chiffre proposé par Patricio Núñez nous paraît faible également pour une autre raison : l'observation des stratégies de survie et de reproduction de populations vulnérables (vues de l'extérieur) [16] montre, en ce qui concerne les dernières populations de chasseurs-collecteurs, et même de populations agricoles 'historiques', que les critères des minima de calories et de travail peuvent souffrir de grands écarts d'une population à une autre et, pour une même population, d'une saison à une autre. Les 'besoins' sont très différents [17]. Par ailleurs, les sources d'approvisionnement sont souvent mal envisagées. Des actes de collecte qui paraissent marginaux se révèlent complètement centraux.

---

[16] Voir les travaux des anthropologues Marshall Sahlins (1976).

[17] Avec des régimes diététiques saisonniers très variables, les mêmes individus grossissent en saison d'abondance et travaillent, mais en période de pénurie, ils se mettent à la diète et végètent sans activité notable. Ils supportent des oscillations importantes de poids personnel au cours de l'année.

Nous avons aussi une autre raison, mais elle est un peu difficile à défendre, nous allons cependant l'exprimer ainsi : l'ethnie atacameña a eu un développement endogène très puissant. Les archéologues la voient évoluer, avec quelques apports extérieurs certes, mais limités et rares au cours de deux à trois millénaires [18]. Une telle évolution interne, pour se produire, a dû se fonder sur une population numériquement plus importante que l'estimation proposée. Nous ne proposerons pas nous-même de chiffres, mais celui qui est présenté nous apparaît trop faible. Le niveau artistique de la civilisation atacameña a dû se bâtir sur une masse de population plus importante, malgré les caractéristiques d'éleveur-nomades' que leur culture semble présenter. Il nous semble que ce trait est fondamental pour interpréter la culture atacameña pourtant par ailleurs centrée sur l'eau et l'irrigation.

D'autres évaluations sont fournies à partir des témoignages des premiers Espagnols sur le nombre de guerriers (Lautaro Núñez, 1991 : 80) : un peu plus de 12 000 habitants. Le calcul à partir des guerriers pose le problème de savoir si tous les hommes valides étaient guerriers ; quant à celui réalisé à partir des assujettis aux *encomenderos,* on peut s'interroger s'il il n'y avait pas eu une déperdition démographique consécutive à l'impact de la colonisation espagnole.

En 1787, un comptage donne 3 655, dont les groupes (20 à 40 %) émigrés en Argentine. En conclusion, on voit

[18] En dehors des Pascuans (Rapa Nui, Île de Pâques), on ne connaît aucun exemple de civilisation totalement fermée. Voir Métraux, *L'île de Pâques*, Gallimard éd.

l'immaturité de la question scientifique. Il est évident qu'il est impossible, en l'état, de se lancer dans une évaluation de la population qui rallierait tous les suffrages. Il faudrait évaluer si toute la population atacameña était dans les oasis ou si, les moindres niches écologiques étant exploitées, la masse totale de la population pouvait être supérieure aux fondements proposés actuellement. En tout état de cause, il est important que les chercheurs chiliens fassent des hypothèses et des évaluations car la question est scientifiquement importante et dépasse largement le cadre de l'Atacama.

Le caravaning ou commerce international, point nodal de la société atacameña : ses transformations

Depuis environ deux millénaires, les communautés installées dans les oasis du Loa de l'actuel San Pedro de Atacama et celles de la puna étaient le nœud d'une circulation de produits, d'hommes, de technologies et d'idées qui allait du Pacifique de la côte est au sud-ouest bolivien et au nord-ouest argentin sans qu'une ligne de fond et une colonne vertébrale de la culture d'origine, ne cessent de se manifester à travers les multiples formes et lieux où s'élabora cette culture atacameña. La domination inca a élargi le cercle commercial à tout son empire, sans pour autant le rompre. Directement, par ses propres caravanes, ou indirectement par son commerce, l'Atacama s'est fondu dans un vaste ensemble avec lequel il était déjà en contact. Cet ensemble était orienté vers le nord et vers l'est.

Le caravaning, des pré-Incaïques aux Boliviens

Mais le caravaning perdit le rôle auto-moteur qu'il avait pour son propre développement. L'hégémonie passait en d'autres mains mais les ressemblances l'emportaient sur les dissemblances : il n'y eut pas, de par l'invasion inca, de rupture idéologique ou technologique. Les Atacameños connaissaient les Quechua bien avant qu'ils ne soient dominés militairement et politiquement.

On ne peut en dire autant de la conquête espagnole qui sonna le glas d'une civilisation qui n'avait eu pour adversaire que la sécheresse et l'altitude. 1555, avec la création du Corregimiento de Atacama, est une date charnière : cette année ouvre les temps où une domination extérieure s'installe qui n'a plus de comptes à rendre à la terre et aux montagnes des Andes, aux pluies rares et aux sources capricieuses. La logique qui prévaut n'attend rien de ces quelques oasis d'altitude et de la haute civilisation qu'elles avaient vu naître : l'Atacama ne pouvait intéresser que quelques encomenderos rapaces qui, partis d'autres terres brûlées et de misères sordides, trouvaient ici le bonheur d'être exploiteurs et non plus exploités. Il dût vite y avoir des arrangements entre les nouveaux maîtres et les asservis.

La découverte des mines d'argent du Potosi redonna aux Atacameños un nouveau rôle. Ils se trouvèrent dispensés du travail de la mine et furent assujettis à faire ce qu'ils savaient si bien faire : le transport par caravanes de lamas. Les mules concurrencèrent petit à petit les lamas, sans les éliminer totalement. Les mules restaient l'objet d'une spéculation supplémentaire aux mains des Espagnols qui ne les accordaient qu'au compte-gouttes, quoique leur intérêt y perdit quelque peu, mais c'était une logique coloniale qui prévalait dans ces temps, pas une logique capitaliste. Chargées de poisson, les caravanes partaient de la côte, de Cobija, pour Potosi, dont elle rapportaient l'argent qui embarquait sur des caravelles. L'Atacama était entré dans le commerce mythique qui fit rêver l'Europe et inonda l'Espagne, rentière du Nouveau Monde. Les autres charges étaient des minerais, du matériel, des vivres. On peut aussi rêver : livres, de prières naturellement, soieries de Chine, ivoires des Indes, peintures et musiques glorifiant le Seigneur. L'Atacama redevenait le cœur d'un réseau de pistes sur lequel circulaient informations et métaux, nourritures et idées. Des pampas de l'actuelle Argentine venaient des troupeaux que des Atacameños menaient dans la puna.

Certes, exploitation coloniale oblige, les caravanes n'étaient pas rémunérées, la règle coloniale a toujours quelque chose à voir avec le servage féodal : le caravaning était un dû à la Couronne, une corvée au sens historique du terme, dont devaient s'acquitter des communautés prises globalement comme serves par des *encomenderos*.

Mais ne cédons pas à un manichéisme que toutes les histoires coloniales nuancent aujourd'hui : le dominé n'est pas bête et le dominant pas si fort et intelligent que l'a proclamé la geste des colonisateurs. Sans parler de la lente assimilation du colon aux valeurs du colonisé... On a la capacité de l'homme à se plier aux contraintes - écologiques, humaines, historiques - pour les dominer. Le caravaning permet de comprendre ce qui a pu se passer dans le cas précis de l'Atacama : même quand la mule remplaça le lama, jamais les Atacameños ne perdirent le contrôle de la vente et de la dévolution des bêtes de somme. Les restrictions mercantiles des Espagnols furent vite tournées par des réseaux de parenté qui surent dominer le trafic du mulet comme ils contrôlaient celui du lama.

Seule une nation 'réticulaire', dispersant sur un large espace ses groupes familiaux et productifs pouvait faire face à la gestion caravanière sur longues distances dans un pays écologiquement aussi défavorable. Il fallait beaucoup de souplesse collective, de cohésion et de connaissances pour mener de pâturage intermittent en pâturage fragile, de point d'eau en point d'eau, de zéro à 4 000 mètres d'altitude ou plus, à travers des montagnes et des plaines de sels des cohortes d'animaux lunatiques - qui n'est jamais monté sur une mule n'a pas le droit de contester cette affirmation. Les Atacameños surent négocier avec leurs nouveaux maîtres leurs capacités et les termes de leur servage et effectuer comme seule corvée le transport (mise à part l'exploitation au jour le jour, qui est le pain quotidien de toute colonie). De Cobija à Potosi, de Potosi à Lípez ou Tucumá, les caravanes commerçaient.

Mais cette face a un revers : malgré les efforts de la communauté atacameña à satisfaire le colonisateur, la situation interne des oasis ne restait pas stable pour autant. Le commerce était aux mains de quelques spécialistes qui puisaient dans leurs communautés les hommes pour effectuer le travail, mais la pression fiscale espagnole augmenta (le dominant n'a jamais la sagesse des despotes éclairés qu'il s'accorde si souvent). Les gens exclus du commerce de caravaning se trouvèrent chassés de leurs terres et durent louer leurs bras dans les mines ou fuir dans la puna pour ouvrir de nouvelles terres, à moins que l'administration ne les transforme en serfs individuels et esclaves de fait.

C'est ainsi que les oasis perdirent des hommes et que l'émigration commença comme phénomène perceptible vu des oasis. Les zones périphériques bénéficièrent de cet apport de main-d'œuvre. On connaît peu de choses sur les rapports subtils qui se nouèrent alors entre les communautés d'origine et leurs émigrés. Y eût-il continuation d'un mouvement précédent, comme le réalisent toutes les ethnies commerçantes de par le monde, ou bien y eût-il élaboration d'un modèle nouveau ? On ne sait pas. Ce que l'on sait, par contre, c'est que l'effondrement démographique des oasis s'enclencha. Déjà, les maladies européennes avait fait des ravages, déjà les abus des coloniaux avaient porté des coups sévères à la population, et la déréliction d'être colonisé et converti a achevé la culture atacameña originelle. Plus assez de gens pour la porter, pour la faire vivre, pour la renouveler dans un contexte neuf... Cette culture survit, mais c'est une culture de repli. Elle n'existe plus aujourd'hui que comme idéologie et comme relation d'être, être à soi, être par rapport aux autres, et plus comme une culture vivante et riche de cette infinité de petits riens qui compose une culture vivante et entreprenante.

L'Atacama, une histoire post-hispanique agitée : les conflits militaires bolivo-chiliens et la coupure des oasis avec le nord (leur 'tropisme naturel')

À l'indépendance sud-américaine l'Atacama fut bolivien (1825-1875) et rattaché à la province de Potosi. Pour les communautés du désert, c'était un échange de blanc bonnet pour bonnet blanc. Elles restèrent soumises aux mêmes corvées et au même écrasement culturel. Le balancement Cobija-Potosi continuait son rythme. L'Atacama reliait le Pacifique à la Bolivie naissante. Mais la faible population, en nombre absolu, de la Bolivie était le limitant principal du développement de la zone : aux dires des voyageurs, malgré le désert et les montagnes, la nature elle-même paraissait propice à une augmentation du trafic. Ces voyageurs venaient d'Antofagasta, ce qui n'est pas indifférent. Mouvement éternel des peuples à remonter vers la source des fleuves, à aller vers les montagnes, quand l'inverse ne se passe pratiquement jamais ! Le gouvernement bolivien, conscient de sa faiblesse, prit des mesures pour assurer la régularité des approvisionnements des caravanes. Il fit aménager des étapes pour que les bêtes trouvent pâturages artificiels et eau. Le port de Cobija était en pleine expansion : on commençait à exploiter le guano, la vapeur le reliait aux autres ports de la terre entière.

En 1833, le Gouverneur Aramayo crée une école à San Pedro de Atacama, d'autre à Lamar et Chiu Chiu. Malgré les conditions assez médiocres dans lesquelles les écoles fonctionnent, elles ont la sollicitude officielle qui en prévoit une autre à Calama. Mais le poids politique d'un Chili dynamique, étiré entre mer et montagne, s'est fait rapidement sentir : dès 1844 la poussée chilienne apparaît dans la zone pour aboutir à un premier équilibre politique en 1866 où est reconnu un condominium boliviano-chilien sur le désert. L'emprise du Chili sur la région s'est effectuées en trois étapes : la première a été l'obtention de la reconnaissance en 1874 par la Bolivie de droits préférentiels pour les commerçants chiliens, dispensés d'impôts. La seconde a été la conquête territoriale, puis légale (1884). La dernière a été administrative : en 1888, le Chili créait sa province d'Antofagasta où se situaient les oasis atacameñas.

Le trafic caravanier que permettait le cadre national bolivien s'effondra, rendant les Atacameños à leurs terres. Mais le système traditionnel, malgré sa résistance à près de quatre siècles de marché international se dégradait. Les terres communautaires se réduisirent : l'appropriation privée prenait le relais de relations fondées sur la territorialité et la parenté. Le système traditionnel de caciques régulant la société atacameña perdit sa force. Une loi remit de l'ordre dans un système complexe et ingérable où les droits privés et collectifs, communautaires et nationaux devenaient inextricables. La règle devint que les terres suivaient les lignes familiales, selon une logique juridique de type européen. Ces années de '*chilenización*' consciente voient le triomphe des valeurs occidentales : religion catholique et État chilien, administration centralisée et organisée, système juridique formel et écrit aux dépends d'une logique millénaire. Le complexe proprement atacameño d'agro-pastoralisme, d'exploitation extensive du milieu naturel et intensive d'agriculture irriguée, de commerce caravanier à longue distance avait vécu. Dans ce dernier processus disparut le kunza, la langue des communautés indiennes, au profit de l'espagnol. C'est désormais une langue morte, confite en quelques textes et reliques dont l'exploitation scientifique ne fait que commencer (Prs Domingo Gomez, 1994 & 1995, et Roberto Lehnert, 1994).

Le tournant minier : le salpêtre contre le caravaning

Dès qu'il a pris en main le désert, l'État chilien entreprend l'exploitation systématique des ressources du sous-sol.

Une bourgeoisie naît de ce processus qui n'intègre la société des oasis que par l'intermédiaire du marché. L'isolement auquel est retournée la région depuis qu'elle a été coupée de son tropisme bolivien réactive les solidarités et un renouveau de la culture atacameña (mais en espagnol puisque ce renouveau n'efface en rien la disparition du kunza). Ceci est un des multiples indices que nous donne l'histoire de cette société : elle n'a jamais cessé d'être un acteur conscient de sa propre histoire. Nombre des signes que nous relevons sont la trace de ce souci de lucidité et d'adaptation face aux changements et aux risques. Cette capacité d'adaptation, cette souplesse devant la pression extérieure, paraît être un des points forts de cette culture. Ou sa caractéristique principale. Nous y avons longuement insisté.

L'exploitation du salpêtre, le fameux *salitre* [19],démarre et s'étend assez vite, interrompant ce processus de repli sur soi que vivait les communautés atacameñas. En effet elles occupent vite trois « niches écologiques » nouvelles : la production et la vente de produits alimentaires et des grains à destination des populations minières, importation et embouche de bovins d'Argentine.

---

[19] On lira avec intérêt : Hernán Rivera Letelier, *La Reina Isabel cantaba rancheras,* Planeta Biblioteca del Sur, Santiago (Chile), 1995, seconde édition : 231 primé par le premier prix de littérature du Chili ; ce roman picaresque traite de l'épopée du salitre dans ces villes comme la célèbre Pampa Unión, ville aujourd'hui morte, où, mis à part les corons désespérants des mineurs, on trouvait au centre-ville un maillage de chaînes composées de « un bordel, un bistrot, un bordel etc. », c'est le côté Far West du Chili Nord où la structure sociale était masculine. Mis à part quelques épouses et pas mal de prostituées, ces villes étaient composées d'une masse de mineurs, d'une poignée de propriétaires et d'une foule de pistoleros qui maintenaient ce tout anarchique « en ordre ».

Comme il l'a été signalé antérieurement, tout laisse à croire que les population pré-hispaniques connaissaient l'usage du *salitre* comme engrais, mais avec la paix espagnole l'usage s'en était perdu au profit du guano. On rapporte quelques légendes au sujet de leur redécouverte qui mettent toujours en scène un curé observateur et un indien innocent. La légende fait trop 'image d'Épinal' pour qu'on y croit vraiment.

Pour permettre au reste du monde de s'entretuer efficacement et à bon marché, les Atacameños aidèrent donc à l'effort général de guerre de la planète en aidant la population minière a mobiliser toutes ses forces pour tirer le salpêtre des entrailles du désert. Ils y contribuèrent surtout à nourrir les mineurs par l'embouche des bovins, exténués de venir à pied d'Argentine à travers les montagnes. Les bêtes restaient durant une période suffisante pour refaire leur viande et leur graisse avant. La zone des oasis recevait ainsi 30 000 têtes par an, que l'on abattait sitôt qu'elles s'étaient refaites une santé. L'agriculture se tourna vers la production intensive irriguée de la luzerne. Cette nouvelle orientation économique et l'affaiblissement de la cohésion de la société favorisèrent l'immigration de nouveaux commerçants, maintenant que les liens traditionnels avaient disparu qui favorisaient une classe interne - ou une catégorie - de commerçants-caciques. Des Boliviens, des Argentins et des Croates (dits *austriacos*) vinrent s'installer dans les oasis. Se fondant aux élites locales survivantes des mixages antérieurs entre encomenderos et caciques, ils créèrent une nouvelle catégorie de dominants qui n'avait pour unique modèle que celui de l'aristocratie coloniale. L'accumulation du capital échappa pour lors définitivement aux communautés autochtones.

La Crise de 1929 et la disparition des caravanes

L'installation de l'État était complète en 1925 et quand la grande crise de 1929 survint, toute l'économie de la société de la région se trouva défaite. La chute brutale des cours entraîna celle de la production, qui entraîna le départ des mineurs et ralentit considérablement le commerce des bovins.

Après la crise, rien ne fut plus comme avant, malgré les besoins internationaux dûs à la seconde guerre mondiale et l'ouverture des mines de cuivre. Surtout qu'en 1948 s'ouvrit le chemin de fer prolongeant la ligne Salta-Socompa et la reliant à Antofagasta qui se trouvait ainsi directement en liaison avec les centres de production argentins de viande de boucherie. C'était un coup de grâce pour l'économie des oasis désormais repliées sur elles-mêmes et écartées définitivement du marché international dans lequel elles avaient réussi à rester peu ou prou partie prenante depuis plusieurs siècles.

Le travail salarié à l'extérieur des oasis devint alors une nécessité collective et non plus une issue individuelle pour quelque marginal ou exclu. C'est toute la société atacameña qui poussa ses fils à rechercher en dehors des oasis des sources de revenus nouveaux. Les Atacameños devinrent mineurs à Chuquicamata tandis que la société nationale chilienne prenait définitivement en main le détail de la vie du pays, même dans ce coin qui se croyait reculé. L'emprise de l'administration devint totale et se consolida dans les années cinquante du XX ème siècle par la création d'organismes de développement et d'institutions spécialisées : sur l'élevage, pour les soins phyto-sanitaires, pour les mines et l'hydraulique. L'administration prospecta systématiquement les ressources en eau, celles de surface, celles du sous-sol. On évalua les potentialités existantes. Et, en particulier, toute une politique naquit de la maîtrise de l'eau, cette ressource rare et stratégique pour les villes, les mines et l'agriculture dans ce désert. Et de nouveau, ce fut l'eau qui redevint la principale contrainte de l'ensemble régional de l'Atacama.

L'eau, son exploitation et l'irrigation sous l'influence de l'État

L'État chilien prit en main les ressources du pays et la rationalisation de leur exploitation. En ce qui concerne le salpêtre, nous avons vu précédemment la question en ce qui regarde le pays atacameño. Pour l'eau, la question est plus difficile à analyser vu la diversité de la ressource. C'est pour cela que nous allons parler essentiellement de la politique suivie pour l'oasis de San Pedro de Atacama. Les autres réseaux sont plus restreints et plus locaux. En effet, mis à part ceux qui, se situant aux sources des *ríos* captés, les autres ne subissent que les effets globaux de l'assèchement dont nous avons déjà parlé précédemment (exploitation intensive des bassins et nappes). Le Salar de San Pedro représente un cas d'école pédagogiquement clair.

L'État chilien, dans une légitime politique volontariste, va vouloir réorganiser le réseau d'irrigation resté inchangé depuis des siècles : des trois sections héritées de l'irrigation pré-incaïque, on va créer les six groupes actuels en réorganisant les approvisionnements. On peut donner 1957 pour année-charnière du processus.

La quantité d'eau disponible a fortement augmenté, mais leur qualité, elle, a fortement diminué. Les pertes ont été freinées par le cimentage des canaux (sans pour autant les couvrir). Ce nouveau réseau a provoqué de profonds changements sociaux : la répartition a été plus égalitaire qu'elle ne l'était auparavant. Il faut dire que l'extrême division des parcelles aurait dû créer des tensions, mais, depuis les années cinquante, la société atacameña s'était adaptée à la crise des ressources qu'avait provoqué la disparition du caravaning et de l'embouche animale ; elle ne tirait plus de l'agriculture l'essentiel de ses ressources. Quoique toujours 'paysanne intensive' d'idéologie, la société atacameña n'a plus l'agro-pastoralisme comme base économique.

On ne peut nier que la déresponsabilisation par excès d'initiatives étatiques ait dégradé le lien quasi-charnel qu'entretenait l'Atacameño avec sa terre et l'eau, sa vision du monde, toute sa *weltanschauungen*. Pris en charge pour la capture et la distribution de l'eau, pour les engrais, la vaccination du bétail et le traitement fongicide des plantes, le paysan est devenu un assisté.

D'une certaine manière on peut affirmer que la société atacameña a fui collectivement ce statut de parasite moderne par l'émigration. Alors qu'elle aurait pu choisir de se paupériser encore plus. On estime à 10½ hectares la taille d'une exploitation permettant une reproduction de la cellule familiale et de son exploitation. Déjà, en 1960, seules 12 % des exploitations avaient cette taille, et cette proportion a beaucoup chuté.

Histoire de l'irrigation

Avant 1960, un système de canaux non cimentés fondait les eaux du San Pedro et du Vilama. Il y avait trois sections successives pour l'arrosage : la première était aux mains des familles les plus puissantes qui avaient établi différentes astuces pour capter plus d'eau qu'elles n'auraient dû. Les autres sections étaient peu et mal irriguées. Leurs sols s'appauvrissaient en se salinisant, leurs propriétaires se paupérisaient. Un *Juez de aguas* et la *Junta de riego* géraient l'ensemble du système. Ce juge des eaux et cette assemblée d'irrigation géraient, à travers l'eau, l'ensemble des habitants. Leurs décisions avaient force de lois, leurs sanctions étaient inévitables. Certes, vu les détournements auxquels se livraient les propriétaires de l'aristocratie locale, leur justice n'était pas forcément totalement aveugle aux rapports de force en jeu dans la société atacameña, mais leur présence faisait fonctionner la société.

Les **cycles d'irrigation** étaient de 35-40 jours. Chaque tour réclamait l'inondation complète de chaque parcelle. Le rôle du juge était fondamental car il tenait compte des cultures et de leurs besoins inégaux en eau. Il n'appliquait pas bêtement une règle administrative. Les cycles étaient donc coupés dans certains cas : la fructification de certaines plantes demandaient des arrosages plus fréquents, certaines étant plus fragiles à la sécheresse demandaient moins mais plus souvent... On comprend donc que le juge devait aussi évaluer la subtilité de certains abus, comme celui de planter systématiquement en association ou en premier rang des plantes plus gourmandes en eau pour bénéficier de durées supérieures. (La fraude est une invention internationale que chaque culture et chaque génération répètent.)

Le *Juez* et la *Junta* étaient donc en charge de la tâche difficile de maximiser globalement la production selon les contraintes du moment (maximisation économique en termes de reproduction sociale ou en termes de satisfaction du marché selon les conditions).

Sans affirmer qu'une inégalité ait été fondamentalement nécessaire, le système des oasis réclamait, vu les conditions écologiques fragiles, des différences de stratégies selon les familles pour une répartition des risques (que compensaient alors les solidarités). Une espèce d'élite, celle qui contrôlait le caravaning et représentait la population face aux autorités étatiques, servait d'interface entre les paysans-éleveurs et la société globale.

En interne, fonctionnait une économie de troc et de solidarité (avec des rapports de force à ne jamais occulter dans l'analyse). À l'extérieur, l'élite, qui fonctionnait comme classe dominante vu des oasis, était une classe qui négociait la production atacameña (quelle soit en travail ou en biens), dans une sphère de pouvoir et sur un marché monétaire. Ces négociations s'effectuaient dans une confrontation inégale avec les puissances nationales. Cette classe dirigeante était alors confrontée à des rapports de force en termes plus crus, avec des pouvoirs de discussion limités et une stratégie de réponses bien paysannes fondées sur l'usure : on biaise, on plie mais ne rompt pas devant un adversaire détenteur du pouvoir politique et économique. Grains, bétail, viandes séchées, force de travail, produits divers étaient gérés dans un aller-retour permanent dans lequel la gestion de l'eau était un régulateur et la survie collective un objectif de fonds. À travers la régulation de l'eau, toute la société était régulée : pouvoir, relations sociales et familiales, destins individuels.

L'émergence d'une nouvelle élite : les Austriacos

Vers le milieu du XX ème siècle, l'élite locale née de l'évolution antérieure, et qui était, quelque soit son apport extérieur d'origine espagnole, proprement atacameña, s'est trouvée supplantée par suite d'une immigration. Cette classe endogène de commerçants-caciques, qui avait servi d'interface entre la société des oasis et l'État (sous ses avatars successifs depuis le XVI ème siècle), était affaiblie par la chute du commerce caravanier et détruite par le chemin de fer qui la privait des ressources d'être l'intermédiaire entre la Pampa argentine et les villes portuaires et minières. Les bêtes venues d'Argentine étaient pratiquement immédiatement consommables et donc abattues. La puissance économique locale de cette classe sociale dominante étant fondée sur des activités qui avaient disparu, l'affaiblissement numérique de la population diminuant son poids politique d'interface, cette élite perdit de sa 'nécessité' et son effacement créa un vide.

Les Boliviens, Argentins et Yougoslaves qui s'étaient installés et mélangés aux élites locales étaient moins impliqués dans les débats internes de la société atacameña. Ils n'avaient pas de fonction claire, sinon de combler un vide social né de la dégradation économique des oasis.

Plus subtilement aussi, on peut s'interroger sur le fait que ces sociétés atacameñas habituées à se coordonner entre elles, ne connaissaient pas un manque : l'Atacama n'est pas une zone de sociétés indépendantes, mais reliées, leur organisation politique, ou leur coordination politique, réclamait qu'un dominant assouplisse le fonctionnement des relations délicates réclamées par la survie de cet ensemble socio-économique flou posé sur un espace réticulaire. Le réseau des oasis réclamait une coordination. La conséquence la plus visible est que l'accumulation du capital échappa pour lors définitivement aux communautés autochtones.

Les Yougoslaves étaient des exilés croates de la guerre 1939-45. Sans le sou, n'ayant pas de tradition locale, ils allèrent directement à l'essentiel : s'enrichir comme il était possible de s'enrichir dans ces années d'après-guerre. Ils mirent la main sur les terres les plus riches, c'est-à-dire les mieux placées dans le réseau d'irrigation. Sans liens avec les autochtones, donc libres des contraintes de solidarité que connaissait la classe descendante des commerçants-caciques, ils ne jouèrent pas le jeu des tours d'eau et détournèrent à leur profit le système tel qu'une tradition millénaire l'avait transmis. Positionnés sur les meilleurs biefs et à l'amont, ils tirèrent l'eau selon les besoins de leurs cultures et au mépris des règles d'attribution détruisant ainsi l'image morale des juges d'eau et des assemblées d'irrigation. À une société fondée sur le droit, ils mêlèrent la règle de la domination par l'argent.

L'eau et la terre irriguée constituaient l'armature structurelle de la société ; la justice consistait à n'exclure aucune terre et culture et aucun agriculteur de son droit d'accès à l'eau (dans une inégalité qu'il serait absurde de nier). Les nouveaux immigrants imposèrent une logique de rapports de force pur. Mais la refonte du système d'irrigation et l'assimilation de cette nouvelle classe d'Atacameños (qui ne pouvait longtemps évoluer selon sa seule logique, laquelle manipulait celle de la tradition faut-il noter) a remis en selle un meilleur équilibre entre acteurs économiques inégaux et est entrée à son tour dans le cercle des solidarités communautaires. Une fois de plus, l'Atacama digérait son dominant et se transformait sous sa pression.

Les besoins de la diaspora ont dû également avoir une influence et déplacer les luttes internes sur d'autres plans, plus idéologiques. Par ailleurs, l'extension des recherches archéologiques de la région atacameña a lancé le débat de l'identité et des revendications identitaires. Dans l'émergence de ces nouvelles questions, on doit citer les efforts du Père Gustave Le Paige, jésuite belge, curé de la paroisse de San Pedro d'Atacama plusieurs décennies de suite, et archéologue qui a laissé son nom au Musée archéologique fondé à San Pedro même, à quelques pas de l'Église (voir Museo Arqueologico RP Gustavo Le Paige s.j., *GUIA 1995*).

Le jeu politique global, élections nationales et municipales, est le théâtre sur lequel se déroule actuellement ce qui pourrait être une ré-appropriation des grands mythes fondateurs tels qu'ils persistaient dans la conscience populaire et émergeaient en des travaux savants. Ces mythes sont ceux, courants dans les nations indiennes des Andes, de Tata Mallku et de Mama Pacha, qui, derrière la préservation des droits de l'eau, nourrissent à une construction identitaire qui servirait de ciment idéologique à une communauté atacameña dans laquelle la diaspora est un acteur dont l'absence physique ne doit pas effacer son poids social financier et culturel. Les nouveaux venus n'étant pas les derniers à s'affirmer *Indios* malgré leurs yeux bleus et les cheveux clairs [20].

Le renversement d'une tendance multiséculaire : le modèle des ingénieurs appliqué en Atacama

1957 est l'année charnière car est alors mis en place le nouveau système d'irrigation. Depuis 1960, les canaux sont entretenus, construits, bétonnés et réaménagés selon des techniques et une idéologie technique externes à ses utilisateurs et à leurs savoir-faire millénaires.

Les ingénieurs sont des étrangers formés à un maniement de concepts et de règles qui n'ont rien à voir avec la subtilité des rapports communautaires et des rapports de pouvoir. Seule la main-d'œuvre est locale. Le modèle de ces

---

[20] Il est courant de penser que les gens, dans un processus d'identification, prennent pour ancêtres, ou pour modèles, des dominants. Mais cette réaction de type aristocratique, mise en avant par des dominants en position de force, et vulgarisé par tous les travaux européens qui ont pris les fantasmes de la noblesse française comme aune de l'analyse scientifique en matière de culture, est en fait la plus rare. On voit plutôt que c'est le dominé qui assimile son vainqueur ; à l'exception de la langue, ce vainqueur, en une génération se 'créolise', par les domestiques en général, et légitime son nationalisme, dont la sincérité n'est pas à être mise en doute, en s'estimant 'indigène' (la noblesse anglo-normande de l'Angleterre colonisée par Guillaume le Conquérant est remarquable à tous égards de ce point de vue. Voir les vies de Thomas Beckett ou de Guillaume le Maréchal… La dynastie manchoue en Chine…)

ingénieurs est celui qui domine au Chili et qui est la règle des grandes associations d'irrigation.

Les particularités des oasis laissent un peu sceptique sur l'applicabilité sans nuances de ce modèle, surtout en dehors de l'oasis de San Pedro. On a maintenant à faire à un système technique objectif, construit par des gens peu au fait des débats internes de la société paysanne, né d'une logique étatique, et même bureaucratique (où le poids du sommet hiérarchique national l'emporte largement sur les pressions latérales locales). Il a coupé un peu plus les Atacameños de leur terre.

Les populations ne se sentent plus responsables des sols, des canaux, des arbres. Les sols se salent, les canaux s'embourbent, les arbres périclitent. « Que fait l'État ? Que fait la police ? » semblent-ils penser, cet État qui a trop donné et dont ils attendent tout maintenant qu'ils sont dé-responsabilisés. Les canaux ne sont plus une affaire collective de la société qui, défaite, n'a plus la force de maintenir en état les institutions communautaires d'entretien.

Vers une nouvelle règle du jeu

Les solutions ne peuvent venir que d'un renouvellement de la règle du jeu. À San Pedro de Atacama, cinq groupes ont été déterminés avec président, secrétaire et trésorier qui organisent, planifient, font rentrer les cotisations. Les membres se cotisent pour financer les travaux, le surveillant et l'éclusier. Ces associations n'ont pas de personnalité juridique, ce qui pourra être un des objectifs à leur proposer en accord avec les résultats de la recherche : les renforcer légalement et intéresser des personnalités d'un certain poids social à s'investir dans le fonctionnement de la régulation sociale de l'irrigation. La situation actuelle est désordonnée, les prises d'eau supérieures aux accords sont la règle. Grosso-modo, les tours sont mis en place, mais ce cadre n'est pas jugé contraignant moralement. Il est vrai que la survie des paysans n'en dépend pas, le grain importé des autres régions étant plus économique. Ces chapardages ou ces vols en disent long sur l'anomie vers laquelle s'oriente la situation si rien n'est proposé pour y pallier. Les surveillants actuels sont des personnes âgées, pour une tâche qui demande beaucoup de force physique (il faut marcher beaucoup, et dans des terrains inondés qui plus est). Ils sont dévoués à leurs communautés et honnêtes dans leurs fonctions, mais ce n'est pas seulement de la bonne volonté qu'il faudrait, et celle-ci manque même puisqu'on ne leur trouve pas de remplaçants.

La conclusion qui s'impose, et qui est contraire à une certaine idéologie répandue au Chili, est donc la suivante : l'eau et son contrôle ne sont plus le fondement économique, social et culturel de la société atacameña. Ils restent cependant l'axe central du pouvoir et des relations sociales à l'intérieur des groupes autochtones. Ceci permet de comprendre pourquoi les initiatives étatiques pleines de bonne volonté quoique empruntes de quelque technocratisme, n'aient pas abouti à atteindre leurs objectifs [21].

---

[21] Les sociétés modernes, prenant en compte l'efficacité indéniable des sciences physiques et du calcul, fondent toute leur idéologie sur la rationalité du calcul, alors que les questions sociales ne relèvent pas de

Certes ne nions pas que les initiatives de l'État eurent un impact important, mais il n'est pas celui qu'elles visaient. D'une part, elles ne pouvaient contrebalancer le travail salarié aux mines, travail plus rémunérateur qui fournit des devises maintenant que le troc que permettait le caravaning est mort. D'autre part, si elles freinèrent la chute des activités agro-pastorales, elles ne pouvaient l'empêcher, n'ayant pas une claire vision des causes de cette dégradation. Enfin, en habituant les acteurs économiques à recevoir gratuitement des services, elles les déresponsabilisèrent. Selon un des informateurs du projet UNC/ORSTOM, c'est jusqu'aux arbres que les institutions de développement traitaient gracieusement et qui furent abandonnés à eux-mêmes et qui périrent quand les traitement cessèrent, les paysans ne comprenant pourquoi ils leur faudrait payer pour des services qu'ils recevaient gracieusement auparavant. La charité, ici comme en d'autres endroits du monde, avait créé chez les assistés des structures mentales, ou des habitudes, de mendicité.

---

cette logique, Voir David Ruelle (1991) et Jerome Bruner (1996 : chapitre 7). Toute la question est de savoir si continuer dans cette direction sera possible. Surtout que cette tendance d'ingéniérie de la vie sociale s'aggrave désormais avec les manipulations génétiques.

Les grandes lignes de la situation actuelle de la société atacameña

La tendance est aujourd'hui de faire renaître ces communautés rurales en oubliant l'histoire, ses leçons et son héritage. Les initiatives de développement sont aujourd'hui orientées vers la renaissance d'une situation passée avec un contexte international (ouverture du marché mondial) et interne (l'agriculture n'est qu'une roue de secours idéologique ou la manifestation identitaire d'une diaspora) totalement différents et nouveaux du passé. Les objectifs pleins de bons sentiments, lesquels ne font jamais de bonne politique, ne peuvent atteindre leurs buts.

Certes, l'eau et la terre sont les deux piliers d'une culture atacameña bien vivante qui n'a pas dit son dernier mot, mais plus du tout de son économie, devenue essentiellement une économie de rente [22]. Le ressort agro-pastoral est cassé. Reste une pauvreté qui est la toile de fonds de la situation interne et un vieillissement dramatique des producteurs, peu enclins de par leur âge à innover et à trouver de nouvelles voies.

[22] Rappelons que ce concept d'économie de rente ne doit rien à la morale, celles des rentiers pour être plus clair, mais est un des concepts économiques explicatifs de sociétés qui vivent, et parfois bien, sans travailler elles-mêmes grâce à un capital disponible – la terre des Côtiers en Côte d'Ivoire, le travail des émigrés au Yémen, les plus-values de la domination politique (Turquie de la Sublime Porte), l'Espagne *del Siglo de Oro*, le pétrole pour quelques pays du Golfe… (Sid Ahmed, 1996)

Les Atacameños vivaient de l'agro-pastoralisme et du caravaning transandin, par suite d'une longue évolution interne et sous la contrainte de l'écologie, des Incas, des Espagnols, des besoins de l'État bolivien, puis de ceux de l'État chilien, de l'extraction du salpêtre... Aujourd'hui, avec le chemin de fer, l'ouverture des routes et le camionnage, l'agriculture irriguée est une relique et on doit regarder la société atacameña comme une société réticulaire dont la plus grande partie de la population est externe à la zone des oasis. Ce qui reste du caravaning, que l'on peut encore constater par-ci par-là (transport de viande de lama en hiver, transport de grains et fourrage et de biens artisanaux produits dans les oasis) est entièrement structuré par la pauvreté. Et la pauvreté, elle, se manifeste avec ses deux axes typiques : l'alcoolisme et l'instabilité des familles nucléaires.

L'**alcoolisme** est lié à la pauvreté et certainement à une tradition ancienne de dépossession de soi que prouvent les nombreux objets, de haute tenue artistique, trouvés dans les sites archéologique, qui avaient pour fonction d'inhaler les hallucinogènes tirés des fleurs des cactus candélabres (cette pratique ne s'est pas perdue comme on peut le constater en parcourant les plantations naturelles de ces cactus).

L'**instabilité matrimoniale** est liée aussi à la pauvreté mais s'appuie sur une pratique ancienne de fluidité sexuelle des jeunes filles qu'avait organisée la tradition par la pratique du *sirvañaku*, qui est le mariage probatoire courant dans les cultures andines et que rendait quasi-obligatoire la faiblesse démographiques des groupes[23]. La coutume actuelle du pololo/polola (petit/e ami/e) est très vivante : on le constate quand on lit les petits fascicules en vente sur les marchés, des espèces de petits textes à la *Nous deux*, une littérature de romans-photos, comme on en trouve dans tous les pays. Ni le catholicisme ni la culture ibérique n'ont pu éliminer cette pratique, qui a, au contraire, imprégné tous les groupes sociaux, quelle que soit leur origine ethnique. Être *pololo/polola* n'est nullement d'ordre purement sentimental, c'est une situation pré ou para matrimoniale qui entraîne deux faits majeurs : le premier est une grande précocité des premières naissances chez les filles, avec toutes les conséquences sanitaires et sociales qui en découlent, l'autre est une intrication complexe d'enfants de lits différents de tous statuts : reconnus, adoptés, légalisés... ou pas. Une situation nationale qui était originale mais qui ne l'est plus si l'on regarde la situation mondiale.

Le résultat est naturellement catastrophique en termes de **propriété**. Quand la propriété était clanique ou familiale, qu'importait ces multiples origines d'enfants toujours bien accueillis. Maintenant, avec le droit et la jurisprudence de la

---

[23] La consanguinité globale des population entraîne une forte infécondité des couples, chacun des conjoints pouvant être en lui-même fécond ; ce concept est différent d'une consanguinité mesurable entre conjoints, avec l'interdiction plus ou moins rationnellement perçue de mariage entre cousins proches ; c'est la population qui est ici en cause, indépendamment des règles de prohibition d'inceste, qui dépendent de règles de parenté officialisant cet inceste. Un inceste, défini comme tel socialement, peut être 'illusoire' sur le plan génétique. Par contre un mariage dans les règles peut être fortement consanguin et avoir de graves conséquences sur la fécondité des couples (car c'est là que la consanguinité frappe les groupes et pas d'un « abâtardissement » dont la fantasmagorie est plus sociale que réelle).

propriété individuelle, on assiste à un éclatement des parcelles, à la découpe fine des droits sur les arbres et les bêtes. On n'en est pas encore arrivé certes à posséder une jambe d'un âne, la tête d'un mulet et le tronc d'un arbre, ou le droit d'eau sur une terre sur laquelle on n'a aucun droit et la propriété d'un lot sans celui sur l'eau, mais on risque d'en arriver à ce type de situation bloquée.

Actuellement, la propriété est éclatée en de multiples parcelles artificiellement découpées, qui tombent en dessous de tout seuil de rentabilité. La division de la propriété fait que 95 % des producteurs n'ont qu'un hectare, ou deux au mieux (rappelons qu'on estime la moyenne de viabilité à 10½ ha). La limite de la cohérence, ou de l'incohérence, semble atteinte à Toconao où certaines personnes n'ont que des droits sur quelques 3 à 5 arbres fruitiers.

Ici comme ailleurs, l'hégémonie de la culture urbaine se manifeste par des **modèles de consommation** qui laissent la jeunesse insatisfaite dans ses désirs. Ce qui, ajouté aux causes objectives de la pauvreté et de la marginalisation économique de la zone, accroît l'émigration vers les centres miniers.

À ces causes s'ajoute celle, plus noble, de voir les enfants sortir, par la scolarisation, de ce cercle. Pour faciliter cette éducation, des familles émigrent, laissant leurs terres en prêt, location, fermage... enfin selon les possibilités qu'offrent ceux qui restent. Quant à ceux qui partent et qui exercent un métier rémunérateur, ils tentent d'acheter des terres, prévoyant leur retour tardif, à la fin de leur vie active.

L'affaiblissement quantitatif et le vieillissement de la classe paysanne proprement dite crée un **besoin de main-**

d'œuvre. Une population flottante de salariés s'est donc créée, fortement volatile car instable vu l'offre, et peu qualifiée, probablement à cause de son recrutement : les meilleurs sont partis.

Mais la population restée sur place, et qui continue la vie agricole des oasis, a perdu ses régulateurs. La classe paysanne ne dispose plus de leaders respectés et compétents pour gérer une situation économique, sociale et culturelle dont la complexité frise le désordre. Les tâches collectives ne sont plus assumées car la solidarité et la sanction sociale de sa transgression ne fonctionnent plus. Cela est catastrophique pour la régulation des tours et le respect des prises d'eau. Dans des populations aussi réduites (San Pedro, 313 familles ; Toconao 109 ; Peine, 55 ; Río Grande 21 ; Talabre et Camar, 12 ; Socaire, 56) le poids des individualités fait plus la loi que la règle elle-même, surtout si celle-ci, avec la pauvreté, redevient un imbroglio d'usages en perdition, de traditions formelles et de lois étatiques inadaptées.

La situation du pays atacameño est le résultat d'une causalité multiple de phénomènes et on ne peut prétendre ici qu'avoir ouvert des pistes pour une meilleure compréhension de la zone. Il nous semble qu'il faut bien insister sur deux points : le premier est la force vivace d'une tradition, le second le poids de l'État. Les initiatives pour dynamiser la zone doivent prendre en compte la réalité de la population résidente, vieillie, disposant d'autres revenus externes, les potentialités de la population atacameña émigrée, les contraintes du milieu naturel, celles du marché et celles de la pauvreté.

L'Atacama, quel avenir ?

L'examen en détail de l'histoire économique à travers les données archéologiques montre que la réactivation de la culture atacameña imposera des défis qui devront prendre en compte la variété des sources d'approvisionnement endogènes et pas seulement des arrangements d'ordre étatique. L'évolution de l'aridité croissante depuis l'holocène tardif a amené les groupes atacameños à s'installer dans des habitats d'altitude intermédiaire, à exploiter les troupeaux sauvages, à domestiquer les camélidés et à pratiquer des cultures dans des zones inondées avant de réguler, par des aménagements hydrauliques savants, des terres irriguées, soit construites par l'homme par des apports de terrains différents éloignés, soit conquises sur la nature par des aménagements et un lavage des sels qu'elles contenaient. Depuis deux mille ans, la culture irriguée est devenue le moteur du développement économique et social. L'irrigation n'a pas eu pour seul objectif de donner de l'eau aux plantes, elle a aussi permis la création de zones agricoles nouvelles en lavant les sols de leur salinité. Ce sont donc des sols cultivables d'origine anthropique. Les autres activités pastorales, cynégétiques et de collecte sont devenues secondes mais nullement secondaires, comme le commerce de caravanes qui avait permis de suppléer par l'échange aux insuffisances du milieu naturel dominé par les Atacameños. Ainsi se sont élaborées, siècle après siècle, dans un milieu déficient, pauvre en ressources, des techniques agricoles raffinées et que s'est construite une culture élaborée qui a laissé dans la toponymie et les textes qui nous sont restés en kunza la trace de son obsession respectueuse pour l'eau, *puri*, et la pluie, *saire*. C'est ce choix culturel qui lui a permis de construire, dans une zone reconnue pour être la plus sèche de la planète, une haute civilisation.

Pourtant la situation du pays atacameño ne paraît pas saine : l'Atacama est en état actuel d'hibernation conservatrice, pris en tenaille entre une économie marginalisée et une modernisation dont on ne voit trop sur quoi elle se fonderait et ce qu'elle pourrait apporter.

L'Atacama est une zone maltraitée par la proximité de mines de cuivre gourmandes en eau, qui pompent sans retenue dans les ressources connues, du moins en ce qui concerne les oasis. Même si les possibilités existant en eau permettent dans l'absolu une exploitation intensive des nappes phréatiques, l'exploitation actuelle dommage gravement le milieu naturel fragile de la couronne écologique des oasis d'altitude de l'Atacama. Une autre inconnue reste l'émigration. On décèle qu'une importante diaspora a un rôle qui n'est pas négligeable aujourd'hui et qui pourrait jouer un rôle déterminant à l'avenir. Déjà un pays de vieux, l'Atacama deviendrait-il un pays de retraités vivotant sur des parcelles-reliques en effectuant des travaux marginaux et folkloriques ? Certes la beauté des lieux faciliterait le tourisme, mais le tourisme corrompt… et consomme [24].

---

[24] Pour accueillir un touriste, qui veut retrouver ce qui fait le fond de ses habitudes, le pays visité doit importer les matériaux de construction des hôtels et des routes, de quoi manger et… l'eau. On peut quand même penser à l'exemple tunisien de Djerba, bien éclairant à tous égards. Quand le pays n'est pas prêt, tout cela provoque des fuites de devises rares.

On peut tenter de voir les orientations que l'avenir laisse pressentir et les points sur lesquels pourrait s'appuyer une politique de développement.

La mobilisation de la diaspora paraît incontournable, encore faudrait-il la connaître. Et connaître ses projets, puisque l'on sait qu'elle investit dans les oasis pour son retour en fin de carrière. Pourrait-on envisager de l'utiliser pas seulement pour empêcher la zone de mourir mais aussi pour faciliter une renaissance ? C'est là que toute la tradition de réponse aux contraintes qu'a élaboré la culture atacameña pourrait être mise à contribution.

Une des voies qui s'offrent aux oasis est le tourisme, timide et élitiste aujourd'hui, on pourrait le faire évoluer vers un tourisme plus important, limitant autant que possible les dégâts que provoquent les touristes quand on les laisse à eux-mêmes. La pollution sociale par le tourisme n'est pas un mythe quand il est de masse [25]. San Pedro de Atacama et Chiu Chiu monopolisent pratiquement le tourisme culturel, et les montagnes autour le tourisme scientifique et sportif. Il y a là une voie à explorer, parmi d'autres, qui doivent à la fois sauvegarder la beauté des oasis, la qualité de ses gens et dynamiser économiquement l'Atacama. Il n'est de l'intérêt de personne, ni des habitants actuels, ni du Chili, ni non plus de l'humanité, de voir péricliter et s'éteindre un des berceaux des civilisations indiennes de l'Amérique andine. C'est, autrement dit, les générations actuelles qui sont comptables de la survie de deux millénaires d'une intelligence spécifique entre l'homme et la nature et de plusieurs millénaires, obscurs mais qui restent vivants, de complicité avec elle.

---

[25] Voir les travaux de Jean-Didier Urbain, *L'idiot du voyage, Histoires de touristes*, Plon, 1991

Canal d'irrigation pré-hispanique
(encore en fonctionnement)

Liste des sources

Nous n'avons pas répété les origines des différentes observations et chiffres de cet ouvrage, qui a suivi sur un autre mode d'exposition celui en espagnol sur lequel on s'est fondé pour cette rédaction : *Agua, occupación del espacio y economía en la Región atacameña. Aspectos dinámicos*, UCN/ORSTOM, Antofagasta, NORprint, diciembre de 1995 : 111.

Cependant, ce travail a repris l'ensemble de la documentation disponible sur le projet à Antofagasta. Nous remercions pour leur gentillesse et leur disponibilité les bibliothécaires des différentes institutions qui nous ont confié leur documentation afin de meubler nos nuits puisque notre séjour de collecte d'information était très court. Nous avons rapporté de nombreux documents du Chili que nous avons exploités, avec d'autres trouvés en France.

L'ouvrage d'origine s'appuie sur les sources imprimées, qu'il cite, ou les projets et thèses relevant de la littérature grise scientifique, et sur les données des documents de terrain. Le présent ouvrage n'a pas recouru à ces dernières données qui sont encore en cours d'exploitation par leurs collecteurs. La plupart des données ont été recueillies par l'équipe, mais certaines appartiennent aux recherches personnelles antérieures de certains des chercheurs du projet, ou aux institutions.

Les données agricoles ont été puisées dans les documents et enquêtes du Consecol, INDAP, PTT, Folla, SAG ou IM San Pedro, et institutions du projet.

Bibliographie consultée

Voir dans l'ouvrage en espagnol la bibliographie générale utilisée par les auteurs :

> Pierre Pourrut et Lautaro Núñez, ed. *Agua, occupación del espacio y economía en la Región atacameña. Aspectos dinámicos*,
> UCN/ORSTOM, Antofagasta, NORprint, diciembre de 1995 : 111.

Nous ne citons pas les documents du projet dans cet ouvrage, ni ceux des collaborateurs du projet, ni ceux sur lesquels ils s'appuient eux-mêmes. Le lecteur intéressé pourra se reporter aux bibliographies présentées dans ce livre en espagnol pour compléter sa documentation.

Allison M.J. Les plus anciennes momies du monde, in *La Recherche*, 1985, vol. 16 n° 172, : 1550-1552

Anonyme (Roberto Hérnandez ?) *La historia del oro blanco de los Incas al presente,* slnd, 1930 : 201

Anonyme, El salitre en Antofagasta, in *Pampa*, Nov. 1966

Arce R. Isaac (slnd), *Narraciones históricas de Antofagasta,* publié par la H. Junta de vecinos, avec l'appui de l'Evêque et l'Académie du Chili, aucune référence de lieu et de date

Bahamontes Mario, *Diccionario de voces del Chile, geografía, toponomía, etimología, historía, folklore,minería, botanía, zoología, tipología social, leyendas y el hablo,* Nascimento, Santiago de Chile, 1978 : 401

Bermudez Miral Oscar, *Breve historia del Salitre -síntesis histórica desde sus origenes hasta mediadas del siglo XX,* Ed. Pampa Desnuda, Santiago, 1979 : 75

Bermudez Miral Oscar, *Historia del Salitre desde sus origenes hasta al guerra de Pacífico,* Univ. de Chile, Santiag de Chile, 1963 : 456

Chehere Emmanuelle et Soufi Widad, *Synthèse du mémoire de 3ème cycle sur le Diagnostic agraire de l'oasis de San Pedro de Atacama,* ENA de Grigon, 1994 : 47 + 3

Cobo Julian, *Yo vi nacer y morir los pueblos salitreros,* Nosotros los Chilenos, n°6, serie Primera persona, Editorial Joaquin Gutierrez, Santiago de Chile, 1971 : 96

Cruz Larenas Jorge, *Fundación de Antofagasta y su primera decada,* Ilustre Municipalidad de Antofagasta, 1966 : 136

Doumenge François, Les oasis des grandes profondeurs (sources hydrothermales et suintements froids), Mécanismes, peuplement, Nouvelles connaissances et nouveaux problèmes, *Atti del XXII Congresso della Società italiana di biologia marina, Cagliari, 1991,* Publ. in *Obebalia,* 1992, suppl. XVII : 37-55

Durruty Ana Victoria, *Salitre, harina de luna llena,* NORprint, Antofagasta, 1993 : 332

Espinoza Enrique, *Jeografí descriptiva de la República de Chile,* Imprenta Barcelona, Santiago de Chile, 1903 : 560, 5a edición [1a 1897]

Flores M. Rucio, Amaro M Julian. y Podesta A Juan., *Uybirmallco, cerros que nos dan la vida,* Centro de investig. de la realidad del Norte, CREAR, Iquique, 1989 : 186

Gaytan M. Sergio, *Selección de autores y temas de la II Región,* NORprint, Chile, 1994 : 69

Gomez Parra Domingo, *Cuentos de nuestra tierra (Coricota Kunza Lickana),* Univ. de Antofagasta, Inst. de investig. antropolog., 1994 : 93

Gomez Parra Domingo, *Cultura y educación atacameña,* Univ. de Antofagasta, Inst. de investig. antropolog., 1995 : 101

Lacombe Bernard, [a], Le lecteur comme anthropologue, contribution au numéro spécial 'littérature et sciences sociales', de *L'homme et la société*, n°134, 1999/4 : 25-43

Lacombe Bernard, [b], *Pratique du terrain : Méthodologie et techniques d'enquête,* Ed. du Septentrion, Lille, 2 tomes : 849

Lacombe, Martinez & Juarez, *Polvo y Lodo, Chalco, México*, Editorial JUS, México, 1992 : 111
Legge Anthony et Rowley-Conwy Peter, La chasse aux gazelles à l'Âge de pierre, *Pour la science*, octobre 1987 : 96-104
Lehnert Santander Roberto, *Diccionaro toponimia* KUNZA, Univ. de Antofagasta, Inst. de investig. antropolog., 1994 : 79
Lemus Villa Nelly, *La Pacarisca*, Editoria Norte Grande, Copiapo, 1995 : 88
MAB6 & UNESCO, *El hombre y os ecosistemas de montaña - El ambiente natural y las poblaciones huanas de los Andes del Norte grande de Chile,* Unesco, Arica, 1982, 2 vol. 327 et 205 pp [Particulièrement le premier tome : *La vegetación y los vertebrados inferiores de los pisos altitudinales entre Arica y el Lago Chumagura et le second sur Las poblaciones humanas del altiplano chileno : aspectos geneticos, reproductivos y socioculturales*]
Museo Arqueologico RP Gustavo Le Paige s.j., *GUIA 1995,* San Pedro de Atacama, II Reg. Chile, NORprint, Antofagasta, Chile, 1995 : 87
Nacib Youssef, *Cultures oasiennes, Bou-Saâda, essai d'histoire sociale*, PubliSud, Paris, 1986 : 505
Núñez Atencio Lautaro, Geoglifos y traficos de caravanas en el desierto chileno, *Anales de la Universidad del Norte Chile,* 1976, n° 10 - 1976 : 147-218
Núñez Atencio Lautaro, *Cultura y conflicto en los oasis de san Pedro de Atacama,* Editorial universitaria, Satiago de Chile, 1992 : 295
Núñez Atencio Lautaro, *Fiesta en la Antipoda, reflexiones sobre el ocultamiento de America (1492-1992),* Ediciones universitarias, Univ. Catól. del Norte, NORprint, Antofagasta, 1993 : 115
Núñez Atencio Lautaro, *La agricultura prehistorica en los Andes meridionales,* Universidad del Norte y Editorial Orbe, Coll. Testimonios, Santiago, 1974 : 197
Núñez Atencio Lautaro, y Dillehay Tom S., *Mobilidad giratoria, amonía social y desarrollo en los Andes meridionales : Patrones de Tráfico e interacción económica, Ensayo,* Univ. Catól. del Norte, Antofagasta, 1995 : 90

Núñez Henríquez Patricio, Posibilidades agrícolas y población del incario en el area atacameña, Norte de Chile, Bo. 4, T. II, Museo Reg. de la Araucamá, Tenuco, 1993 : 1993 : 259-267, *Acta del XII Congreso Nacional de Arquelogía*, oct.1991

Núñez Henríquez Patricio, *Sistemas hidraulicos prehispanicos : patrimonio cultural,* Doc.n°3, Antofagasta, Dic. 1992, Ciclo de charlas « Patrimonio cultural del Norte Grande », Univ. de Antofagasta, Fac. de educ. y Ciencias humanas, mimeo, 13 p.

Núñez Henríquez Patricio, Un canal de regadio incaico : Socaire, Salar de Atacama, Bo. 4, T. II, Museo Reg. de la Araucamá, Tenuco, 1993 : 1993 : 145-149, *Acta del XII Congreso Nacional de Arquelogía*, oct.1991

On trouvera dans cet ouvrage un intéressant effort de calcul des population d'origine à partir d'hypothèses malheureusement mal développées logiquement, mais l'effort est intéressant).

Pourrut Pierre et Núñez Lautaro, editores sientíficos, *Agua, occupación del espacio y economía en la Región atacameña. Aspectos dinámicos* UCN/ORSTOM, Antofagasta, NORprint, diciembre de 1995 : 111.

Pourrut Pierre, 2000, Le désert, l'homme et l'eau. S'adapter pour survivre en Atacama, *in* Gillon et al, éd. sc., *Du bon usage des ressources renouvelables*, IRD, Paris, pp.199-221

Revue PAMPA *(éditée à Santiago à la gloire du Norte grande del Chile et de ses propriétaires, revue de type Paris-Match)*

Rivera Letelier Hernán, *La Reina Isabel cantaba rancheras,* Planeta Biblioteca del Sur, Santiago (Chile), 1995, seconde édition : 231

ROTLAC (MAB), *Informe sobre los conocimientos actuales de los ecosistemas andinos,* UNESCO / PNUMA, Montevideo, 1984, plusieurs volumes, [*voir particulièrement le n° 2, sur Población humana e interacciones con la biosfera en los Andes centrales, 219 p., et le n° 4 Los Andes meridionales y las sierras pampaenas, 157 p.*]

Ruelle David, *Hasard et chaos,* Odile Jacob, sciences, Paris, 1991 : 248

Sahlins Marshall, 1976, *Âge de pierre, âge d'abondance, L'économie des sociétés primitives* Gallimard, nrf, 1976 : 411

Sepulveda Bóquez Juan Omar, *Evaluación de requerimientos hídricos actuales y futuros, la región,* Memoria para optar al título de Ingeniero civil y al grado de Licenciado en Ciencias de Ingenería, Convenio UCN-ORSTOM, Antofagasta, 1993 : 268

Sid Ahmed Abdelkader, 1996, *Économie politique de la transition dans les pays en développement,* PubliSud, Paris, 1996 : 363

Staden Hans, [1557] 1990, *Nus, féroces et anthropophages,* Le Seuil, coll. Points, n°209, Paris, 1990 : 258

Universidad Cátolica del Norte, GARHIN (Programa de gestion ambiental de recursos hidricos en zonas arida y sulitoral), *Informe final,* Antofagasta Chile, 1994, une dizaine de volumes miméo [voir en particulier : *Meteorología física y climatología,* 26 p. et *Percepción urbana y deterioracio ambiental,* 55p. ainsi que *Gestion ambiental de recursos hídricos en la II[a] Región, aspectos económicos,* 189 p. + annexes]

Van Kessel Juan, *Diccionario de pesca artesanal del Norte Grande de Chile,* Univ. Libre d'Amsterdam, Centro de Investigación de la realidad del Norte, Iquique, 1986 : 223

Vicuña Mackenna Benjamin 51831-1886), *El clima de Chile - ensayo hitórico-* Editorial Francisco de Aguirre, Buenos Ayres, Santiago de Chile, 1970 : 399 [1[a] edi. 1877)]

Restes des murailles d'un Pukara
(forteresse kunza)

Table des matières

Liste des figures

www.ingramcontent.com/pod-product-compliance
Lightning Source LLC
LaVergne TN
LVHW012047041026
849558LV00038B/522
* 9 7 8 2 7 4 7 5 3 7 1 2 4 *